装修热问全知道

王艳　于冬波　编著

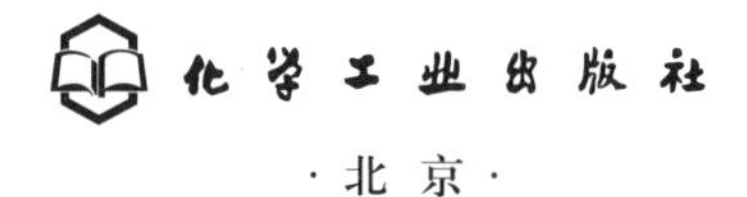

·北京·

内 容 简 介

本书针对家居装修过程中可能会遇到的难题进行了汇总，内容上从前期的预算准备、户型优化、风格确定、装修公司挑选、预算报价单查看以及合同签订，到后期的材料选购、施工与验收、软装布置和家居收纳都有所涵盖。对装修中零散、常见的难题进行了整理与解答，帮助读者更快地了解装修中存在的问题并轻松解决。

本书可供有装修需求的业主阅读参考，或是未来有装修需求、对装修话题感兴趣的业主阅读。

图书在版编目（CIP）数据

装修热问全知道 / 王艳，于冬波编著．—北京：化学工业出版社，2022.10
ISBN 978-7-122-41961-3

Ⅰ．①装… Ⅱ．①王… ②于… Ⅲ．①住宅-室内装修-问题解答 Ⅳ．①TU767-44

中国版本图书馆CIP数据核字（2022）第142090号

责任编辑：王　斌　吕梦瑶　　装帧设计：韩　飞
责任校对：赵懿桐

出版发行：化学工业出版社（北京市东城区青年湖南街13号　邮政编码 100011）
印　　装：大厂聚鑫印刷有限责任公司
710mm×1000mm　1/16　印张13½　字数249千字　2023年1月北京第1版第1次印刷

购书咨询：010-64518888　　售后服务：010-64518899
网　　址：http://www.cip.com.cn
凡购买本书，如有缺损质量问题，本社销售中心负责调换。

定　　价：58.00元

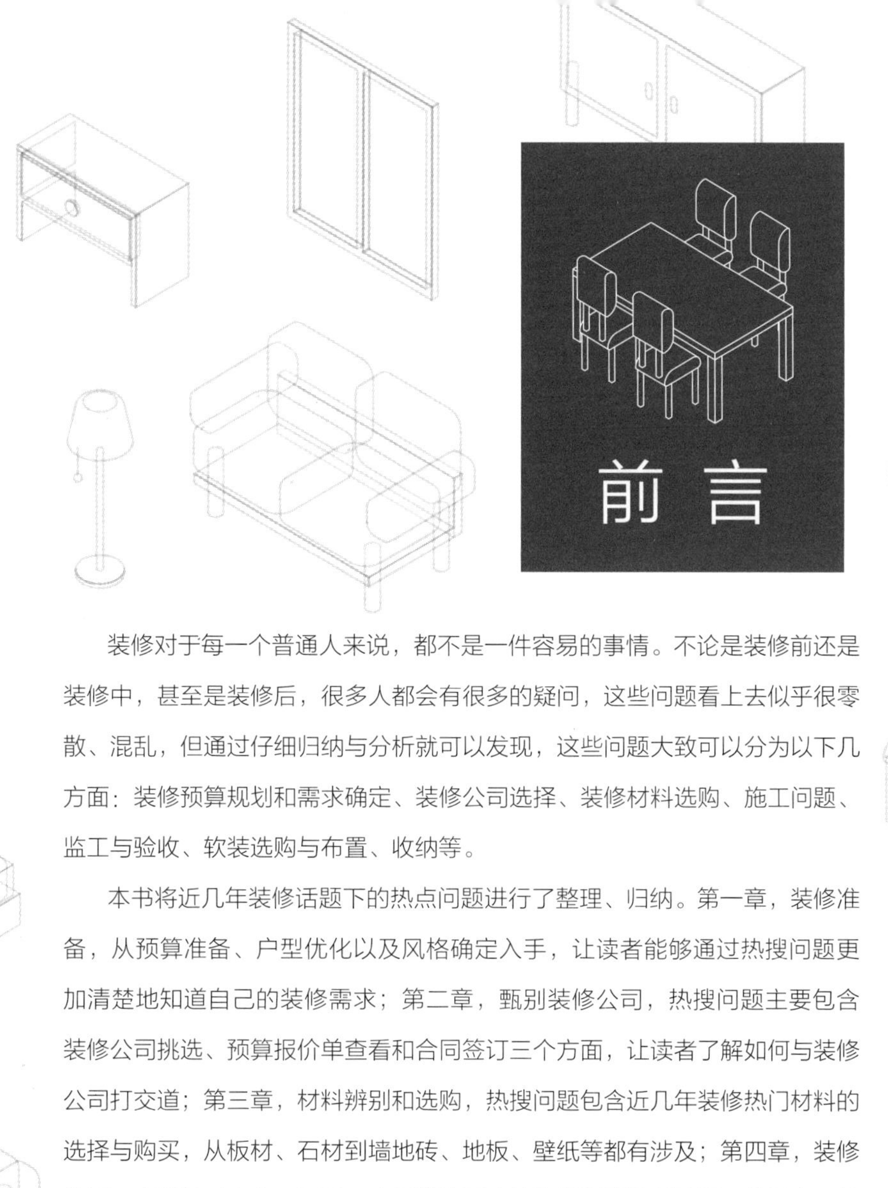

前言

装修对于每一个普通人来说，都不是一件容易的事情。不论是装修前还是装修中，甚至是装修后，很多人都会有很多的疑问，这些问题看上去似乎很零散、混乱，但通过仔细归纳与分析就可以发现，这些问题大致可以分为以下几方面：装修预算规划和需求确定、装修公司选择、装修材料选购、施工问题、监工与验收、软装选购与布置、收纳等。

本书将近几年装修话题下的热点问题进行了整理、归纳。第一章，装修准备，从预算准备、户型优化以及风格确定入手，让读者能够通过热搜问题更加清楚地知道自己的装修需求；第二章，甄别装修公司，热搜问题主要包含装修公司挑选、预算报价单查看和合同签订三个方面，让读者了解如何与装修公司打交道；第三章，材料辨别和选购，热搜问题包含近几年装修热门材料的选择与购买，从板材、石材到墙地砖、地板、壁纸等都有涉及；第四章，装修施工，主要针对水电、瓦工、木工等施工中的热搜问题进行答疑；第五章，装修监理与验收，监理和验收的热搜问题都可以在这里找到解答；第六章，软装设备选购，家具、布艺、灯饰等的选购问题都有涉及；第七章，软装布置与改造，不动工装修一直是业主关注的热点，所以针对软装布置和软装改造方面整理了相关的热搜问题；第八章，家居收纳，一些收纳思维和方法的热搜问题可以在这里找到答案。

本书通过提问和解答的模式，使原本枯燥的装修知识变得直接、易查。相比大段文字的讲解，这种通过提问的方式阅读起来更有针对性，读者在看解答的同时也就掌握了装修知识。

目 录 CONTENTS

第一章 装修准备

预算准备

户型优化

格确定

第二章　甄别装修公司

装修公司挑选

预算报价单查看

合同签订

第三章 材料辨别与选购

地板材料

装饰板材

装饰石材

陶瓷墙地砖

墙纸涂料

装饰玻璃

门窗材料

木工施工

油漆施工

安装施工

第五章　装修监理与验收

装修监理

水电施工验收

瓦工施工验收

油漆施工验收

其他施工验收

第六章　软装设备选购

家具选购

第七章　软装布置与改造

客厅家具布置

餐厅家具布置

卧室家具布置

其他空间家具布置

布艺灯具布置

饰摆件布置

软装改造

第八章 家居收纳

客餐厅收纳方法

卧室收纳方法

厨卫收纳方法

第一章

装修准备

装修之前如果什么准备都不做，那么注定要被别人“牵着鼻子走”。装修的准备不光要规划装修预算、资金分配，而且还要和家人弄清楚想要装成的风格，并提前将居住者们的生活习惯记录下来，这样的装修准备才算合格。这样才能保证在真正装修的时候不会因为毫无准备而被装修公司坑骗。

预·算·准·备

Q1 为什么要做装修预算呢?

（1）可以通过预算来控制我们的消费欲望。

（2）通过预算来匹配最合适的装修公司 / 施工方。

Q2 简单一点的可以控制预算的方法有哪些呢?

（1）轻硬装，重软装。即在保证硬装质量的前提下，减少硬装配饰，尽量用软装体现风格。

（2）风格按预算选择。在预算不多的情况下，应该规避中式风、欧式风等略微“烧钱”的风格。

（3）不盲目跟风。一些特殊设计，一定要确认有用再选择。

（4）选择硬装主材之前，连同它的人工费也要一起考虑。

（5）买材料一定要多对比。

Q3 预算实在有限，哪些投入最划算呢?

基础硬装不能省，它决定了家里的硬件系统，大到水电改造，小到踢脚线购买，这些装上去就没打算更换的东西，每一样都很重要。

Q4 怎么通过别人家的装修费用来预估自己家的装修费用呢?

对同等档次已完成的居室装修费用进行调查，用所获取到的总价除以每平方米建筑面积，所得出的综合造价再乘以即将装修的建筑面积。

Q5 都说装修前要自己做个预算表比较好，一定要做吗?

如果选择装修公司半包的话，这个预算表装修公司会给你做好，发给你过目确认之后签合同就行了，但是很多装修公司会在预算表里做手脚以增加后期费用，所以我们最好自己也做一个预算表，这样可以有个比对，便于检查。

Q6 自己怎么做装修预算表呢?

（1）方法一：可以根据每个房间所需要的配置来做预算。

（2）方法二：可以根据施工顺序来做预算。

（3）方法三：可以分成硬装、软装、家电、家具来做预算。

Q7 预算超标一般都是因为什么呢？

（1）对耗材人工费用价格不熟悉，预估过低。

（2）工期延长，价格有所上升。

（3）中途提升装修品质，在买材料的时候什么都要最好的，预算不断追加。

Q8 只想简单装修一下，费用怎么算呢？

如果只是想简单地装修自己的家，装修的价格在 800~1500 元 / 平方米。比如 100 平方米的房子装修价格在 8 万 ~15 万元不等。这类装修实惠，能够保证家庭起居生活的基本要求，非常适合装修预算不太多的业主选择。

Q9 不想装得太简单但是也不需要特别豪华，一般要多少钱？

装修的价格在 1500~2500 元 / 平方米，也就是说 100 平方米的房子装修价格在 15 万 ~25 万元。

Q10 想装修得高档一点，预算大概是多少呢？

这类装修价格大于 2500 元 / 平方米，上不封顶。如果装修预算相对充足，可以在装修设计及选材上有更广泛的选择空间。

Q11 想自己装修不请装修公司的话应该怎么做预算规划？

除了做好预算表格，建议拿出总预算的 20% 作为应急备用金；人工费千万不能贪便宜；一定要多了解市场价，再做预算。

Q12 想用 20 万元装修，但是做预算的时候发现怎么做都超标，为什么呢？

要学会合理地精简和控制。

（1）把可有可无的项目砍掉。比如有的家庭不需要洗碗机、烘干机之类的，那么可以先砍掉预算，在装修的时候把线路和空间留好，后期经济条件允许了，再慢慢添置。

（2）进行合理的控制。比如地板不一定追求一线进口品牌，外观和质量满足基本要求就好。

Q13 准备了 15 万元装修费，应该怎么分配呢?

首先将装修总额（15 万元）的 20% 作为应急备用金，以备不时之需，剩下的预算可以按照如下比例进行拆分：

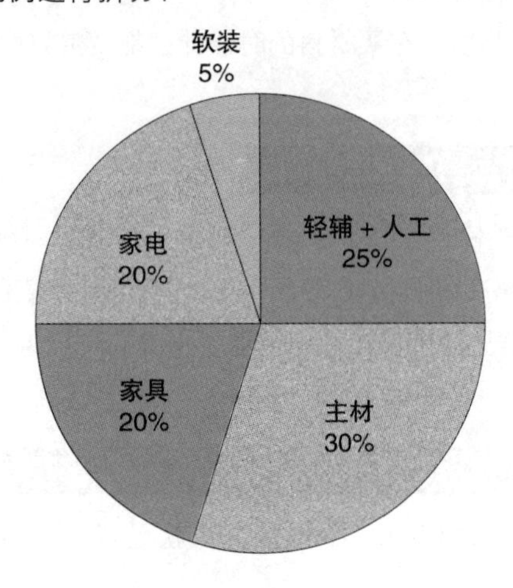

Q14 准备选半包装修，怎么做预算规划呢?

现在装修包工的方式有三种，全包、半包和清包。半包装修是装修公司负责设计 + 辅材 + 施工，业主自己购买主材和家电家具。对于半包费用应该分为：设计 + 硬装施工费、主材费用、家具家电软装费用，常见比例是 3 ∶ 3 ∶ 4。比如你家房子 90 平方米，预算 20 万元，那么硬装费用在 6 万元上下，主材也是 6 万元左右，家具家电软装费用在 8 万元左右。

Q15 预算充足的话是选半包好还是全包好?

半包相对全包价格要便宜一点，半包的主材要自己去买，虽然可能比较便宜但是比较耗费精力和时间。全包的话完全不用自己操心，但是有可能会被虚报价格。

Q16 装修选全包的话还要做预算规划吗?

需要。全包最容易超预算的地方就是装修增项，为了让价格更有竞争力，可能会有一部分不正规的装修公司，在报价时故意漏掉某些费用，后期再加。所以，全包一定要学会看装修公司的报价单。

Q17 在做装修预算规划的时候要不要先去量一下面积呢?

需要。如果已经收房，可以用卷尺把每个房间都测量一遍，统计一下房间的面积。

如果没有收房，可以找到购房合同，在最后几页找到户型图，然后按户型图上的数字计算，就是房间的面积，知道房间面积之后再做预算就会更加准确了。

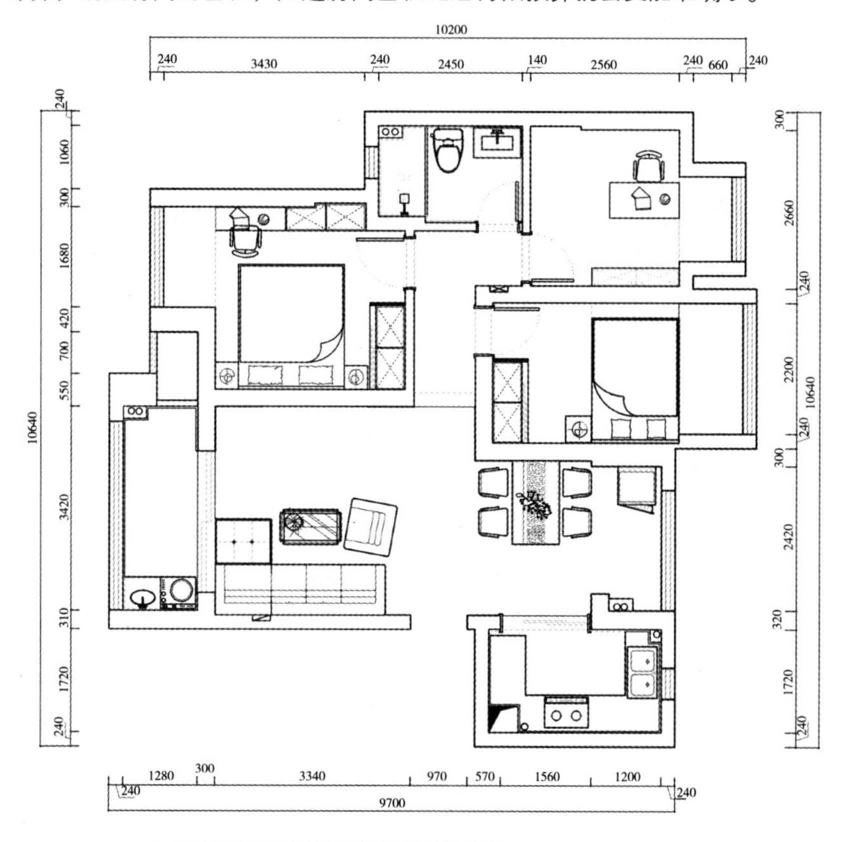

▲户型图上四周的数字代表房间的长宽

Q18 硬装的预算分配怎么做呢?

常见的硬装项目主要有墙面改造、水电工程、瓷砖铺设、墙面找平、木工吊顶、粉刷、门窗安装等，所以可以简单地根据施工的项目来进行分配。

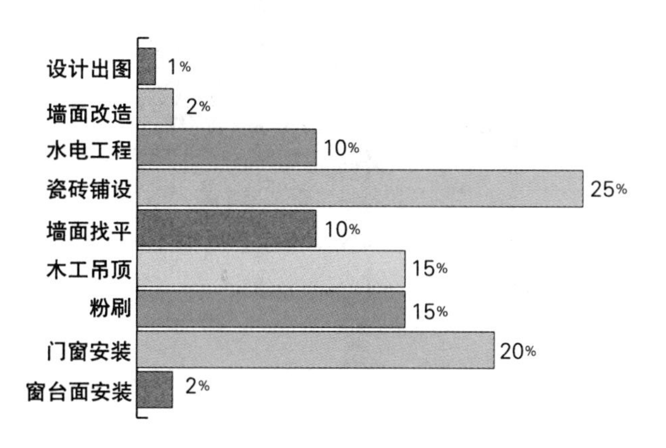

Q19 装修之前有必要去跑建材市场吗?

有必要。因为在做预算规划的时候，我们需要知道自己家装修需要用到哪些材料，这些材料的大概价格是多少，这样才能做好预算规划，否则根本不知道自己的预算有没有超标。

Q20 家里规划两个卧室铺地板，那么地板的预算定多少呢?

地板的预算分配主要是看地板的用量，在分配预算之前我们可以根据房间的大小，粗略估算一下地板的用量，然后乘以市场平均价，就能清楚在地板上花多少预算比较合理了。

地板用量计算

（房间长度 ÷ 地板长度）×（房间宽度 ÷ 地板宽度）×1.08= 使用地板片数

【1.08 是指地板铺设通常存在 8% 的损耗，所以购买的时候要多预备一点】

户·型·优·化

Q21 家里只有一个房间，感觉不够用怎么办?

（1）放弃“客厅”“餐厅”“书房”这样的分类方法，转而考虑“会客”“用餐”“睡眠”等功能。在规划空间时，用功能的概念代替房间，每个房间都可以容纳多个功能。

（2）对隐私要求高的功能（睡眠、洗浴、如厕等）和对隐私要求低的功能（家务、烹饪、会客、用餐等），需要尽量分开。

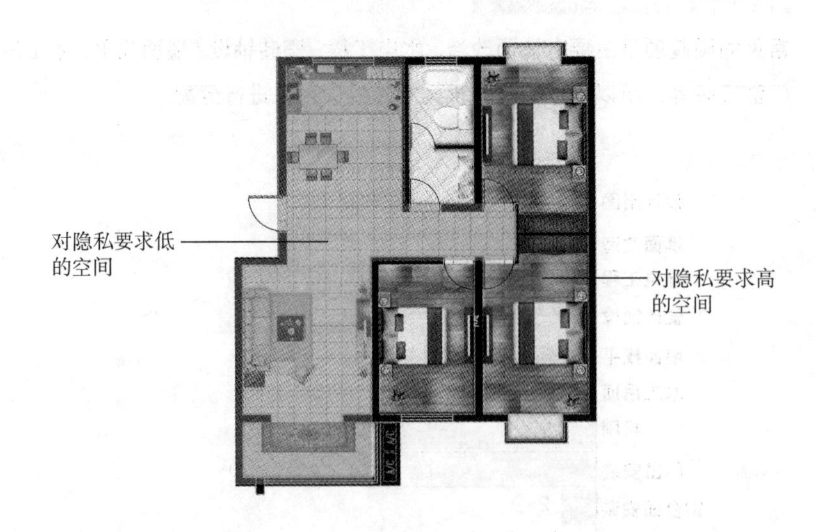

Q22 户型太小，想对空间进行改动可以吗?

可以，但是建议不改动。因为小户型的结构一般都比较复杂，下水、电气管的分布也比较集中，如果不得不对空间进行改动，建议请专业人士对户型进行评估后再做改动。

Q23 室内空间感觉有点小，怎么才能显得大一点呢?

凡是碰到天花的柜体，尽量放在与门同在的那堵墙或者站在门口往里看时看不到的地方；凡是在门口看得到的柜体，高度尽量不要超过 2.2 米；空间布置尽量留白，即家具之间需要留出足够的空墙壁；摆放的装饰品尽量规格小一些。

Q24 房子户型比较小，要不要做吊顶呢?

面积有限的居室，顶面吊顶应点到为止，较薄的、造型较小的吊顶装饰应该成其首选，或者干脆不做吊顶，也可以考虑做异形吊顶或木质、铝制的格栅吊顶。当然，还可以在材料上做文章，选用些新型材料或者一些打破常规的材料，既富有新意又无局促感。

Q25 怎么让低层高看起来高一点?

（1）换低矮家具。家具稍微低矮一点点，能拉开与天花板的距离，从而影响人对整个屋子高度的判断。

（2）墙面多留空白。把装修的重点设计得低一点，让墙面和天花板的空白显得多一点，这样视觉上会显高。

（3）选择细长款式的装饰。墙上如果挂装饰，尽量选择细长的款式，会有拉长的感觉。

Q26 4.4 米的层高设计成复式会压抑吗?

复式公寓层高一般为 3.6 ~ 5.2 米，层高 4.4 米的居室完全可以设计成复式结构，且不会产生压抑感。

Q27 房子是开放式的，没有隔墙怎么办?

可以考虑用玻璃隔断，如透明玻璃、磨砂玻璃、雕花玻璃，因其对光线与视线无阻碍，又能突出空间的完整性。另外，也可以采用隔屏、滑轨拉门、纱帘或可移动家具来取代隔断墙，把墙变“活”，使整体空间有通透感。

Q28 采光不好怎么让家里看起来更明亮呢?

（1）浅色为主。浅色反射光线，深色吸收光线，家里多用浅色墙和家具，会显得更亮堂、更宽敞。

（2）镜子元素。镜子除了作为装饰，还可以在视觉上放大空间，同时光线也会增加。

Q29 发现家里隔音特别差怎么办?

如果是墙体薄导致的隔音差，那么只能是在装修时在墙体里填充隔音棉，再贴隔音毡，封石膏板。想效果再好点，可以加层吸音板。

Q30 玄关上面有个横梁怎么办?

可以在横梁下安装射灯，将灯光朝向横梁，利用灯光削弱横梁的影响。

Q31 买的房子一开门就是客厅，没有玄关怎么办?

（1）如果入户是长走廊，可拆墙，用柜体代替墙面。最直接的解决办法就是打掉其中一面非承重墙，替换成鞋柜。这样既有玄关作用，又有收纳作用。

（2）如果开门就是餐厅，可以在门与餐厅之间打隔断。隔断既可以是镂空隔断，保证通透性和采光；也可以是柜体隔断，满足收纳需求，还可以在与门平行的墙面做玄关柜。

Q32 买的房子没有单独的客厅怎么办?

（1）牺牲一个卧室。如果还是想有客厅，那么就得利用原本作为卧室的空间了，在具体布局的时候，有开门打墙和保持原样两种选择。

（2）卧室与“客厅”各退一步。可以拿出一个主卧的空间，分隔成两部分，一边做客厅，一边做卧室，中间可以用隔断分开。隔断最好是玻璃隔断，这样白天可以不影响客厅的采光。

Q33 客餐厅挤在同一个空间里，但是想分开，怎么改呢?

一定要注意小空间的功能分区，可以根据实际需要，用电视柜、沙发围出一个独立的区域，并在客厅与餐厅中间加上软隔断区分。软隔断既可以是一个餐边柜，也可以是镂空的书架、屏风等。

客厅比卧室还小，怎么改呢?

（1）卧室改客厅，客厅变门厅。舍掉一个主卧改为客厅 + 餐厅之后，原本的小客厅仅作为门厅使用。

（2）舍掉客厅。把客厅的功能疏解到屋子的各个地方，不再单独划分一块区域出来当作客厅。

Q35 怎么把客厅阳台改造成卧室呢?

客厅阳台改卧室必须在实用的基础上考虑美观性，否则家居整体效果会大打折扣。因为阳台三面采光，如果长期作为卧室，从舒适性上讲，确实有些不太合适。如果迫不得已需要在客厅增加一处休息场所的话，可以将阳台装修成地台、榻榻米之类的形式。如此一来，晚上可以用作休息，白天收起来，就可以作为待客的地方，美观又大方。

Q36 想把客厅和书房合并到一起，能实现吗?

可以在沙发背后摆一张书桌，靠墙设置书架，从而形成一个开放式的书房空间；也可以简单地在沙发旁摆单人椅 + 边几 + 落地灯，打造一个可以阅读的空间。

▲在沙发后面摆一张书桌，客厅自然而然就有书房的功能了

Q37 客厅层高特别高且有点空旷，怎么办?

可以采用体积大、样式隆重的灯具弥补高处空旷的感觉，并在合适的位置圈出石膏线，令空间敞阔豪华而不空旷。

Q38 客厅没有窗户显得很暗怎么办?

（1）借光。将临近客厅的另一个空间的门换成玻璃移门，增补光线。

（2）提高室内亮度。有些客厅进深长、窗体小、朝向不好，但是不是所有的户型都有可拆改的余地，所以可以通过合理地选择颜色、材质和灯光布置来改变房间采光不足的情况。比如，以浅色或暖色为基调、善用反光材料、增加人工照明等。

Q39 客厅不太方正，有点长怎么办?

如果小客厅是长条形的，空间也比较规整，不妨试试将沙发和电视柜相对而放，各平行于长度较长的墙面，靠墙而放。然后再根据空间的宽度，选择大小合适的沙发、电视、茶几等。 这样的布局能为空间预留出更多活动的空间，也方便有客人来时增加座椅。

Q40 客厅是三角形的，有什么补救方法吗?

三角形的客厅总是给人不好的感觉，一般是通过家具的摆放来弥补，使放置家具后的空间格局趋向于方正。另外需要注意的是，三角形客厅在用色上最好不要过深，要以保持空间的开阔与通透为宗旨，这样才不会使空间显得过于局促，不会使居住者感到不适。

Q41 客厅有一个尖角怎么办?

可以用木柜将尖角的地方遮住，或者用定制的柜子将其利用起来，或者在尖角处摆放绿植等装饰，消除尖角的压迫感。

Q42 客厅有很长一片的落地窗，但是客厅是弧形的，应该怎么办呢?

弧形客厅有更大面积的朝阳面，但是实用性不高，没有足够的收纳空间。一般来讲，应选择客厅中弧度较大的曲面作为会客区。如果觉得弧形的客厅感觉不错，在改造时就尽可能地保持空间原貌，用家具弥补空间缺憾。比如沿着弧形设置一排矮柜来存放物品，既美观又有效地利用了空间。为凸显客厅区域大尺度的户型美感，选用体积较小的沙发，而其家具则选择较深的颜色，可使客厅显得稳重大方而温馨。

客厅中间刚好有个柱子很碍眼但是又不能砸掉，怎么办?

可以根据柱子的方位，使其和附近的区域产生互动，或者将柱子变成展示墙，在柱子上挂上装饰画，让柱子变成装饰的一部分。

餐桌与大门成一条直线，该怎么遮挡呢?

若餐桌与大门成一条直线，站在门外便可以看见一家人在吃饭，那绝非所宜，最好是把餐桌移开。但如果确无可移之处，那便应该放置屏风或板墙作为遮挡，这样既可避免大门直冲餐桌，而且一家人围炉共食也不会因被人干扰而感到不适。

▲在餐桌和大门之间用半空的隔断装饰，既不会妨碍采光又能保证一定的私密性

卧室太小了，可以与客厅打通吗?

可以。如果是一个人住或是家里不怎么来外人，可以打通阻隔，做个“开放式”的卧室。如果想保留点隐私感，也可以用不影响采光的隔断做分隔。

Q46 想让卧室看起来大一点应该怎么做呢？

（1）摆对位置，床或靠窗、或靠墙。向外摆设床，靠紧窗户和一面墙壁，注意要准备遮光性能比较好的窗帘；向内摆设床，靠紧两面墙壁，墙面上可以增加小型的储物架或者搁板。

（2）选对款型和色彩，扩张卧室空间感。想让空间感更强，床上用品与墙面、地板的色调就应当相互呼应。相对来说，冷色调比暖色调更容易有视觉延展性。

（3）特色家具，适当使用事半功倍。现在市面上推出了不少专门针对小户型的家具，可以适当选用。比如白天可以收到柜子里去的壁床，或者在床尾架设小桌子的床。

Q47 房子不够大，怎样在卧室里“挤”出一个书房呢？

（1）摒弃床头柜。将工作台设置在床的旁边。其实，这两个区域一样需要静谧的氛围。

（2）卧室做台地，把床垫直接放在台地上，旁边再接出一块工作区域。这样非常节省空间，从床上起来就可以直接工作。

Q48 次卧比较小该怎么设计比较好？

（1）高柜子避开窗户，保证通风透气。

（2）如果隔音需求不高，可以做一道玻璃移门。

（3）如果完全不考虑住人，可以把非承重墙敲掉，和客厅连为一体，打造一个开放式的多功能区。

Q49 想让两个孩子都有自己的空间，但只有一个卧室，怎么做隔断呢？

（1）组合家具。用组合家具做隔断是目前比较流行的做法。这样的方法既方便又实用，不仅起到了隔断的作用，同时也为空间增加了收纳功能。

（2）软隔断。在设计隔断时需要特别注意。不妨用珠帘、纱帘之类做隔断材料，既起到了隔断的效果，又不会遮挡阳光，同时还兼具安全性。

Q50 儿童房可以做榻榻米吗？

儿童房不建议做榻榻米，随着孩子长大，需求会时常变化，房间布局越灵活越好。

Q51 家里老人偶尔来住，但是没有多余的房间怎么办？

不用专门打造老人房，而是多设计一个书房或多功能房，融合睡眠需求，等家里偶尔有访客时可以居住。除榻榻米外，还可以考虑壁床，平时推上去和柜子连成一体，偶尔来人了就拉下来，可以成为一个正式的卧室。

Q52 卧室没有窗户怎么办?

如果能利用一些合理的照明设计，凸显立面空间，就能让卧室亮堂起来。首先要补充入口光源，其能在立体空间里塑造耐人寻味的层次感；然后适当地增加一些辅助光源，尤其是日光灯类的光源，映射在顶面和墙上，能获得奇效；另外，用射灯打在装饰画上，也可起到较好的效果。

Q53 卧室有个“老虎窗”感觉很不舒服，怎么办?

这类卧室一般在顶层，面积不大，斜顶中凹陷一大块面积形成天窗，也称“老虎窗”，通风和采光的条件都还不错。房梁上加上一段弧形吊顶，能很好地缓解视觉上的压迫感；为天窗加上耐看的窗帘，既能美化卧室意境，又能起到防风遮光的效果；或者用一些抢眼的壁纸来装饰墙面，能把人的注意力集中在墙面上，而忽略了空间本身的不足。

Q54 买的跃层，卧室形状有点不正，怎么办?

跃层里难免会碰到不规则的卧室。不规则卧室在改造时可按照舒缓视觉感的原则进行。例如，在视平线以下有压迫感的角落做展示架，顶上若有梁，可以做成木架、玻璃梁或做出几道支架与房梁相互呼应，这样可让卧室整体看上去不显得那么突兀；又或者把高低不同的地方利用起来作为储物间或衣帽间等。

Q55 小厨房里面有个角落老是利用不起来，怎么办?

小厨房要充分利用厨房中的死角。一些现代化的整体厨房会通过连接架或内置拉环的方式，让边角位也可以放置物品。

Q56 什么样的隔断可以用在厨房和客厅之间呢?

厨房与客厅之间最适合用玻璃滑动门来进行分隔。利用滑动门的好处在于可以在特定的空间里为居室增添时尚感与活力，令空间与空间之间既相互连接又各自独立，而且其很好的密闭性，还能防止烹饪时的油烟外泄。

Q57 小户型如果做开放式厨房，可以有放大空间的作用吗?

越是小户型越需要开放式厨房，不但整个房子看着都变大了，而且厨房用起来也比原本憋屈的感觉要舒服得多。

▲如果厨房没有窗户，做成开放式还可以解决采光问题

Q58 厨房没有窗户怎么办呢?

（1）厨房里没窗户，需要特别注意油烟的排出效果要好，否则油烟会全部跑到其他空间。

（2）如果厨房与邻近空间之间的墙不是承重墙，可以考虑拆除或在墙上开洞，引进光线。

（3）考虑做开放式厨房，增加采光。或者扩大厨房门洞，用玻璃门代替不透光的门。

Q59 厨房离餐厅特别远，感觉不是很方便怎么办?

一般来说，厨房与餐厅靠近会是比较好的居住动线，使用起来会比较方便，如果厨房和餐厅离得比较远，那么可以考虑重新分配厨房或餐厅的位置，将厨房与餐厅、客厅等空间放在一起。也可以在厨房内设置折叠餐桌，方便就餐时使用。

卫生间比较小，怎么改能看起来大一点?

合理的设备布置可以让空间看起来更宽敞，其中，最理想的布局方式是洗手盆靠墙一侧，马桶紧靠其侧，把淋浴间设置在最里端。

干湿不能分离的卫生间怎么装?

（1）把地漏装在淋浴区。地漏不像马桶，其管道比较细、怕堵，改位置比较容易。如果地漏能够移动，应尽量移到淋浴区，排水比较方便。

（2）选个下水快的地漏。目前常见的地漏芯里，铅坠式、T 形和硅胶头下水速度都很快，深水封最慢。

（3）挂浴帘。越小的卫生间，越需要挂浴帘，如果本来面积小无法做淋浴隔断，那么可以用浴帘遮挡，避免洗澡的时候水溅得到处都是。

Q62

卫生间太小，但又想要大洗手盆怎么办?

可以把洗手盆单独设置在卫生间的外侧，巧妙地向外“借空间”。不仅能满足多人使用的需求，还能做到干湿分离。

长方形卫生间面积太小，无法同时放下洗手台和淋浴怎么办?

可以采用外置洗手台 + 淋浴房的改造方法，也就是将洗手台和淋浴分开在两个空间里。

Q64 卫生间是斜顶，怎么装才能显得不那么奇怪?

如果卫生间是全落地式斜顶或斜顶下方特别低，不妨选择适合的浴缸，这样能利用倾斜的角度，大大提高空间的舒适性；如果空间足够大，人在斜顶下还可以站立活动，可以尝试选择墙式马桶，墙面上可设置一些收纳格，用来存放卫浴用品，从而增加空间的利用率。

Q65 卫生间又窄又长，应该怎么办?

这类卫生间设计的难度比较大，虽然面积不小，但是由于宽度有限，洁具的摆放多少会受到限制。想要解决这一问题，最好的办法就是选择一些特殊洁具，例如嵌入式的浴缸等。收纳问题也不容易解决，因为安装卫浴柜会占据空间。不妨试试在一面墙上挖凹槽，制作出搁物台。

Q66 多边形、弧形卫生间该如何设计?

这类卫生间总有个角落与众不同，不事先规划好，很难加以利用。如果空间比较小，不妨把不规则的一角作为淋浴室，然后用玻璃或浴帘做隔断，让余下的空间显得更为完整。如果面积比较大，可以选择一些造型独特的洁具，让它们成为空间的装饰，吸引人的注意力。

Q67 暗卫怎样才能亮起来呢?

暗卫中的所有光线都来自灯光和瓷砖对光的反射，所以应选用柔和而不直射的灯光。如果是暗卫而空间又不够大时，瓷砖不要用黑色或深色，应选用白色或浅色调的，使卫生间看起来宽敞明亮。

Q68 卫生间没有窗户，在装修的时候要注意什么呢?

要注意墙面、地面的防潮工作。卫生间没有窗户，长期不通风就会潮湿，在这种情况下，如果防水没做好，除了异味，还会出现渗水导致墙面返潮等问题。所以防水至少做两层，老房子翻新建议做四层。

Q69 不改变卫生间的开窗位置，还有什么办法能增强光线?

不妨考虑利用磨砂玻璃、烤漆玻璃、单面玻璃等玻璃材质制作隔断和推拉门。这样既可以节省空间，又能增强采光。

Q70 半夜经常被冲厕所的声音吵醒怎么办?

（1）用隔音棉把水管包住，外面再砌层砖。

（2）在管道上涂一层隔音涂料，裹一层隔音毡，再包一层隔音棉，最后上一层隔音毡。

（3）直接把 PVC 管换成螺旋消音管。

Q71 想把马桶的位置改一下，可以吗?

有下沉的卫生间可以随意改动马桶位置。因为马桶改位所用到的排水管通常管径偏大，有下沉的卫生间能够放得下。要注意下沉卫生间中无论怎么改马桶位置，马桶位置与排水管之间都需要有斜度，越斜排污越快。

Q72 卫生间上下两户之间只隔了一层楼板，想改马桶位置怎么办?

最好用扁管或者加高地面让管道藏在地底。如果改动的位置不大，可以用移位器来改，但是只能在原来位置的 15~20 厘米以内改动。

Q73 卫生间坡度没做好怎么办?

可以用挡水条挽救一下，长条、曲线、U 形和钻石形都可以选择。免安装的挡水条，连玻璃胶都不用打，直接把挡水条放在地上就行。

Q74 房子里的走廊特别长，怎么办?

（1）适当增加一些储物功能，比如打嵌入柜，或者在墙上放搁板、置物架等。

（2）在走廊尽头放装饰物，可以挂在墙上，不占用空间，通过灯光突出，形成非常有氛围的空间。

Q75 怎样让走廊看上去比实际大呢?

可以采用色块对比、光源布局和地面块阶铺贴等设计来修饰走廊的不足之处。整体的光源设计采用在墙体内制作平行透光源的方式，这样更能体现空间的纵深感；色块上可沿用居室的主色调，从视觉上让整体环境更协调；地面的块阶设计增加了空间的层次感。这样一来，空间就在心理上被扩大了，视觉上更显宽敞。

Q76 楼梯下面改成收纳柜实用吗?

不一定要做满柜子，异形的柜子不但需要额外的定制费用，还不方便收纳。相反，布置矮柜、电视柜等既能利用空间，又不至于产生额外的费用。

Q77 阳台能改造成餐厅吗?

把阳台改造成第二客厅或餐厅，适合面积过小或采光不理想的户型。通过这样的方法可以扩大室内空间，增加采光。但要注意阳台的保温问题，尤其是冬天。应选择塑钢窗或断桥设计的铝合金窗；如果条件允许的话，做平开窗比推拉窗的密封性好。

Q78 Loft 选择哪种楼梯最节约空间?

考虑造价、美观度和空间利用率的话，用钢结构搭出直行楼梯是最简单可行、性价比高的做法。旋转楼梯虽然在一定程度上能够节约空间，但不是每个户型都实用，而且价格会高很多。

▲靠墙的直行楼梯可以最大限度地节约空间

Q79 客厅阳台和卧室阳台是连通的，怎么办?

客厅和卧室有一个连通的阳台时，这种阳台的客厅和卧室一般采光都不是很好，可以把阳台空间进行拆分处理，一分为二，一部分给客厅，一部分给卧室。这样客厅和卧室的空间会同时得到扩大。

Q80 如何将飘窗变身为茶室?

先按窗台的尺寸定做一个薄薄的布艺坐垫，并用相同色系的方枕沿窗台弧形排列作为靠背，最后在中间摆上一张小茶几，做成一个小小的茶室。

Q81 想把 Loft 二层变成卧室和卫生间，该留多高空间？

卧室再加上一个卫生间，至少得有 2.1 米的高度，不但需要正常行走，而且还要有可以淋浴的空间。

Q82 Loft 户型采光不好怎么办？

室内采光效果不好，但又想拥有私密空间，可以考虑推拉门、折叠门、移门或隔断帘等方式，既不会影响采光，又能确保隐私。

Q83 Loft 砌二楼用什么材料最好？

一种是额外浇筑混凝土楼板，这样会稳固一些，隔音效果也好；另一种是搭好框架后铺一层钢板作为楼板即可，便宜又快捷。

风·格·确·定

Q84 怎么找到自己喜欢的风格呢？

（1）多看图片，看到喜欢的图片就收集起来。

（2）有针对性地寻找适合自己家的参考图片。

（3）把自己收集的图片分类摆好，看哪种风格的图片比较多。

Q85 什么样的装修风格最适合小户型？

现代风格、简约风格、北欧风格、日式风格都非常适合小户型，因为这几个风格对硬装要求并不高，甚至可以不做任何墙面、顶面造型，这样可以让空间不会拥挤。

Q86 装修风格对户型面积有要求吗？

有些装修风格的确是对户型有一点要求，比如传统欧式风格更适合大户型，因为传统欧式风格细节烦琐，层次多，会让小户型更显窄小。另外，传统的美式风格因为家具都是尺寸偏大的，所以需要更大的户型。还有中式古典风格或传统法式风格都需要比较大的户型才能展现其特点。

Q87 室内面积小的户型适合什么样的装修风格？

户型比较小的话，可以选择北欧风格、日式风格、现代风格等，因为这些风格没有太多的硬装要求。

▲装饰不多的北欧风格非常适合小户型

▲日式风格家具比较矮小，可以节约空间

Q88 一般什么样的风格适合别墅？

一是带着明显区域文化的风格，比如日式风格、中式风格、欧式风格、美式风格、东南亚风格等；二是时尚风格，比如人们常说的现代风格、后现代风格、简约风格、简欧风格、自然风格等。

Q89 中老年人装修适合什么风格？

相对于色彩丰富、功能复杂的风格而言，稳重、大气的风格更适合中老年人，而且也更符合中老年人的审美。比如传统中式风格、传统美式风格、古典欧式风格等。

Q90 怎样的装修风格不容易过时呢？

一般情况下，越繁杂的东西越容易被淘汰，设计越简单反而越能适应日后的变化。

Q91 想打造简约风格的家居，有什么技巧？

（1）清除掉家中不需要的杂物，利用设计巧妙、人性化的家具将小东西收拾好，让家里看起来清爽、不杂乱。

（2）用流行色来装点空间，突出流行趋势，选择浅色系的家具，使用白色、灰色、蓝色、棕色等自然色彩，结合自然主义的主题，设计灵活的多功能家居空间。

Q92 极简风格就是什么都没有吗?

不是。正相反，极简风格对于空间的设计要求反而更高。因为在极简风格的空间里，物件必须少而精，绝对不能允许家具拥挤在一起，甚至家具越少越好，任何多余的装饰和混乱的家具都会影响风格的展现。

Q93 简约风格背景墙可以用什么颜色?

在进行背景墙的色彩设计时不要脱离整体，例如可以将背景墙的主色调定为空间的主色调，然后和墙面本身的色彩及软装的色彩进行协调即可。

Q94 喜欢简约风格应该怎么设计餐厅?

（1）独立的餐厅。这种餐厅要从空间位置、材料色彩、餐具摆放上进行合理规划，来体现其简约风格。

（2）餐厨一体。这两者之间需要灵活的处理，用简单的装饰品进行分隔，或者只做材料和色彩上的处理，保证两者之间做到相互分隔又有联系。

（3）客餐厅一体。两者之间的风格、色彩要一致，最好使用相同色系的家具或者是可以呼应的材质。两者的硬装设计也要一样，这样才不会有割裂感，让空间有完整感。

▲客餐厅在一个空间时，可以用相同的色彩和材质设计

Q95 想要简约感强一点的卧室该如何设计？

（1）面积较大的卧室。选择装饰材料的范围比较广，任何材质、图案、色调的乳胶漆、壁纸均可使用。

（2）面积较小的卧室。选择的范围相对小一些，偏暖色调、浅淡的图案较为适宜。

（3）面积有限的卧室。卧室的空间有限，但是杂物和家具却不少，不妨试试“减法”思维。减掉零碎的空间划分，去掉堆砌的摆设，严格筛选装饰品。这样，就创造出了一个轻松、整洁的休息环境。

Q96 想把厨房做成简约风格，可以做到吗？

可以。通过减少不必要的装饰线条，用简单的直线强调空间的开阔感，让人们在其中倍感舒适与清爽。但需要注意的是，厨房装修如果单单只是在形式上追求简约风格，抛开厨房实质的用途，那么这样的厨房装修就是失败的。因此，需要牢记的设计理念是：简约风格厨房，形式简约，内容却不能简单。

Q97 分不清现代风格和后现代风格，有什么区别？

（1）现代风格色彩经常以棕色系列（浅茶色、棕色、象牙色）或灰色系列（白色、灰色、黑色）为主；材料一般用人造装饰板、玻璃、皮革、金属、塑料等。

（2）后现代风格简单来说，就是集实用化、个性化、艺术化和品位化于一身的家居设计风格。后现代家居风格更为年轻与灵动，可以与现代风格、传统家居风格混搭，将家打造得更为时尚，在稳重与前卫间不断游走。

Q98 现代风格的主题墙应该怎么设计呢？

现代风格的居室，在设计主题墙时要注意点、线、面的设计以及几何造型的应用，以突出时代感。同时，也可在墙面上挖“凹洞”或装设隔板来放工艺品，力求简洁、明快。

Q99 喜欢现代风格，但是又喜欢收集复古摆件，会冲突吗？

如果想把现代风格与传统元素完美地融合，最好在基础设计时就适当地增加一些传统元素符号，如水晶吊灯、油画等。但是这种点缀不宜过多，在某一部分稍稍点缀一下就可以了。如果想让复古氛围浓郁些，可以在装修设计造型上下功夫。

Q100 全屋原木家具还能打造出现代风格吗?

原木家具，尤其是深色原木家具，会给人过于成熟的感觉而显得整个屋子非常老气，可以尝试选一些布艺、玻璃、黄铜等去表达现代感。一些软装布艺可以选择比较跳跃的色彩作为点缀，这样能够适当有点变化。

Q101 工业风格装修费用是不是少一点?

工业风格装修预算确实是非常少的，因为工业风格的墙面、顶面一般不做造型，甚至可以不涂乳胶漆、不做吊顶，这样可以节约不少的预算。

Q102 什么是实用主义风格?

（1）合理利用空间。利用一些巧妙的隔断设计来细化空间。例如，将床头或办公桌嵌入组合家具之间，把沙发下部做成抽屉，可以把一些乱七八糟的杂物巧妙地藏起来，都能够有效地节约空间。

（2）合理选择家具。一些可自由组合的板式家具，可以根据个人的喜好、房屋的格局，设计出千变万化的家具款式。

Q103 什么是北欧风格?

北欧风格以简洁著称于世，常用的装饰材料主要有木材、石材、玻璃和铁艺等，都无一例外地保留着这些材质的原始质感。在家庭装修方面，室内的顶、墙、地六个面，完全不用纹样和图案装饰，只用线条、色块来区分点缀。

▲北欧风格中经常出现几何图案

Q104 想装成北欧风格应该选什么样的装饰呢?

配饰设计是北欧风格最显著的特点。对于以简洁及注重功能性闻名于世的北欧风格家居来说，尤其要注意配饰的细节，从布艺、挂画、沙发套、靠垫到装饰工艺品等，都要精心挑选。在配饰设计方面，颜色的把握也很重要。灰色、米色、褐色、白色、黑色都是北欧风格的惯用色。如果对饰品颜色的把握不是很大，就不妨采用一些黑与白的经典搭配，这是最不容易出错的组合。

Q105 北欧风格为什么要用大窗户?

北欧风格给人一种不急不躁的悠闲感觉，因此家中很重视明亮的采光。而大窗户不仅可以令整个空间显得明亮、通透，还可以透入迷人的自然光线，让居住者与阳光亲密接触。

Q106 北欧风格一般用什么材质的沙发搭配?

在北欧风格的家居中使用布艺沙发只是最保险的搭配，但并不是最出彩的搭配，有些黑色、黄色、绿色的皮沙发，反而让北欧风格里多了些性格。

Q107 喜欢古典风格的话一般用什么颜色比较多?

古典的色彩组合带有权威的意味。蓝色是干净的色彩，古典家具和它在一起也没有了浮夸和贵重的傲慢，如果喜欢安静文雅的气氛，用它装饰房间再好不过。绿色拥有朝气，如果想打破古典情调房间里的沉闷调子，绿色可以成为不错的选择，它能让房间色调提亮，呈现青春的活力。而带灰色调的颜色很具有古典韵味，如果能再点缀以现代意味浓厚的明亮色彩作为搭配的话，空间就既古典又现代了。

Q108 中式古典风格有什么特点吗?

(1)传统家具、传统元素装饰的使用。

(2)对称的布置方式，包括家具的对称、摆设的对称、背景墙造型的对称等。

(3)传统陈设的点缀，包括字画、挂屏、盆景、瓷器、古玩、屏风、博古架等。

Q109 什么样的隔断适合中式风格呢?

一般采用垭口或简约化的博古架来区分，雕花门片也是常用的分隔形式。中式居室里，在需要隔绝视线的地方，常使用中式的屏风或窗棂，以展现层次之美。

Q110 中式风格装修怎么才能显得偏现代一点?

家具上可以选择简化的中式家具，比如没有雕花的圈椅或是金属材质的圈椅，这样既有传统感，也有现代感。色彩上也不一定要是深木色，可以以白色为主，适当加入其他颜色。装饰上既可以有传统古典装饰，也可以有现代装饰，结合起来可以更有不同的感觉。

Q111 新中式风格包含了哪些中国风元素?

新中式风格也可以用中式传统家具，但是数量不能过多，并且造型更加简单。虽然在硬装上面不会有很多的中国风元素，比如不会出现窗棂、拱门之类，但是在软装上还是会保留颇具中国风的摆设。

Q112 70 平方米居室装成欧式风格可以吗?

欧式风格是分为很多种的，也包含了很多类别，比如法式风格、意大利风格、英式风格等。一般情况下，欧式风格还是适合大一点的户型，但是由于 70 平方米的居室也不是非常小的，建议可以考虑装成简欧风格。

Q113 欧式风格装修除了豪华还有什么特点?

欧式的居室有的不只是豪华大气，更多的是惬意和浪漫。通过完美的曲线，精益求精的细节处理，带给家人不尽的舒服触感。实际上，和谐是欧式风格的最高境界。同时，欧式风格最适合大面积的房子，若空间太小，不但无法展现其风格气势，反而对生活在其间的人造成一种压迫感。当然，还要具有一定的美学素养，才能善用欧式风格，否则只会弄巧成拙。

Q114 想把家布置得华丽些，有什么诀窍吗?

（1）华丽的水晶吊灯是追求奢华效果的不二之选。向来以层层叠叠的垂饰、精致雕琢的“身段”示人，这些灯饰从骨子里透出奢华和尊贵。

（2）做工精良的怀旧家具让家居的华丽度大为提升。

（3）适量的金色元素对营造奢华气氛功不可没，金银色最能体现富贵，有别的色彩都无法替代的贵气与华丽。

（3）质感良好、色彩偏深的天鹅绒是必不可少的重要材质。用它制成的窗帘极具垂感，容易做出华丽和复古的造型。

Q115 怎样才能装出正宗的欧式风格?

（1）家具：与硬装上的欧式细节应该是相称的，应选择深色、带有西方复古图案以及非常西化造型的家具，与大的氛围和基调相和谐。

（2）灯具：最好不要使用亮闪闪的钢制材料或华丽细碎的水晶灯。可以选一些外形线条柔和或者光线柔和的灯，如铁艺枝灯就是不错的选择。

（3）装饰画：应选用线条烦琐，看上去比较厚重的画框，才能与之匹配。而且并不排斥描金、雕花甚至看起来较为隆重的样子，相反，这恰恰是风格所在。

（4）配色：底色大多以白色、淡色为主，家具则是白色或深色都可以，但是要成系列，风格统一为上。同时，一些布艺的面料和质感很重要，亚麻和帆布的面料是不太合时宜的，丝质面料会显得比较高贵。

▲欧式风格的家具线条比较柔和，很有古典韵味

Q116 餐厅想设计成欧式风格应该怎么装?

欧式餐厅的种类多样，有高贵华丽的欧式古典餐厅，简约但不失优雅的简欧餐厅，也有清新自然的欧式田园餐厅。欧式古典餐厅采用艳丽的色彩、油画、罗马柱、壁炉等元素装扮。简欧餐厅同时结合了古典与现代的装饰元素。欧式田园餐厅以白色为主打颜色，再配以其他亮丽清新的色彩以及有小碎花的餐桌椅，使得整个餐厅充满了温馨和甜蜜。

Q117 想做成轻奢风格该怎么体现出来?

轻奢元素的融入是打造轻奢装修风格的最直接方式，直接从材料本身赋予房子风格。瓷砖尽量选择浮雕类型的，从细节处展现奢华感；壁纸是很重要的部分，在图案的选择上建议使用复古风格的，轻奢风格的壁纸要注意暗线的运用；局部使用玻璃和金属很重要，像是家中摆件等，都可以利用玫瑰金色的金属和黑玻璃来体现风格。

Q118 美式风格与欧式风格有什么区别吗?

（1）欧式风格：大方、豪华，装修多以深色为主，浅色为辅，显得十分奢华沉重。

（2）美式风格：家居自由随意、简洁怀旧、实用舒适；暗棕、土黄为主的自然色彩；家具宽大、实用舒适；侧重壁炉与手工装饰，追求粗犷大气、天然随意。

Q119 美式风格的装修适不适合小户型?

相对于传统美式风格而言，现代美式风格更适合小户型，因为舍去了比较宽大的家具，改用材质更加现代的家具，所以不会占用过多的空间。并且现代美式风格没有特别多的硬装造型，所以不会给小户型空间带来拥挤的困扰。

Q120 喜欢地中海风格，怎么设计呢?

（1）利用拱形。地中海风格建筑的特色是拱门与半拱门、马蹄状的门窗。因此家中门套可设计成拱门形状，或是在墙上以拱形图案的装饰点缀。

（2）利用颜色搭配。地中海风格有两种典型的颜色搭配：蓝与白，这是比较典型的地中海颜色搭配；土黄及红褐，比较有天然感，更适合多用木材装修的房屋。

▲拱形可以设计在墙上，非常好看

Q121 地中海风格就一定是蓝白配色吗?

不一定。地中海风格并不是普通单一的风格，而是指地中海沿岸的住宅装修设计风格，大致指的是希腊、意大利和西班牙南部的设计风格。我们常见的蓝白配色通常是希腊地区常见的色彩，而意大利地中海风格更多使用橙色、深红色和黄色，西班牙地中海风格则会出现更多鲜艳复古的色彩。

Q122 东南亚风格装修具体的特色是什么?

东南亚风格尤其注重人文特性，家具主要以黑色为主，用料比较质朴。结合到设计之中，前期的材料选择以藤与木为主，色系要以稳重的原木色为主。另外，颜色的运用、后期的家具及配饰也比较重要，像中式的家具、中国的陶瓷与佛像等具有东方情节的东西都是不错的搭配选择。

Q123 混搭风格会不会很乱?

其实混搭也是张扬自我个性、风格的一个平台，可以根据自己的喜好确定一个想在家中呈现出的风格。但是不要盲目地进行堆砌，混搭并不是越多越好，适当地听取一些专业人士的意见，让空间更具个人风格，会更加完美。

Q124 第一次做混搭，从哪入手?

如果是第一次尝试混搭风格，除了定好主基调以外，再适当搭配一两种风格即可，而且风格之间的差异不要太大，这样一来，失败的概率就会降到最低了。混搭的重点应放在家居装饰品上面，虽然感觉上有点保守，但却是最简单、最有效的混搭方式。

Q125 混搭风格的餐厅该如何设计?

可以将餐厅混搭的重点放在餐厅的装饰品上面，一张独特的薄纱窗帘、一盏灵动可人的灯饰、几件耐人寻味的饰品，便可轻松打造不一样的个性氛围。

第二章

甄别装修公司

选择装修团队是整个施工过程的重中之重，其决定了以后的装修能否顺利进行。选择好的装修团队能避免许多后顾之忧。若装修团队不合格，不仅花费多，而且施工质量没有保障。所以了解装修公司的套路，才能学会挑选装修公司的技巧。

装·修·公·司·挑·选

Q126 找装修公司前一定要想清楚的事情有哪些?

获取装修公司商户信息的渠道要正规;装修公司的主营业务是否和自身需求匹配;不要一味追求大品牌。

Q127 怎样判断一个装修公司靠不靠谱?

(1)看公司是否公开展示有效证件。如,营业执照、税务登记证、设计资质等级证书、施工资质等级证书等。

(2)注意员工素质。正规公司的接待人员大都有着丰富的专业知识,对于一般的问题都能够给予准确的答复,可通过咨询问题来了解员工素质。

(3)询问材料预算。可以询问某材料价格,与自己了解到的价格做比较,看看这家公司在材料报价方面是否真实可信。有些公司会有惯用的材料,也可以和材料市场得来的资料相对照,看是否属于合格的、质量上乘的材料。

(4)询问是否具有各种标准合同文本和正规发票。正规的装修公司应该具有各种标准的合同文本以备投标时使用。

Q128 大品牌装修公司的优缺点是什么?

装修的效果普遍较好,并且因为要维护自身品牌形象,其质量有一定的保障

优点

在所有装修公司中价格是最贵的,对于预算紧张的人来说可能比较难承受

缺点

Q129 普通传统装修公司的优缺点是什么?

规模不大,靠口碑生存,价格相对低

优点

这种公司很难受到管控,一般通过给客户推荐主材返点,所以比较容易出现以次充好、增项等问题

缺点

Q130 装修公司直营店和加盟店分别有什么特点？

直营店是指总公司直接经营的连锁店，其可靠性强，但收费较高；加盟店的营业执照和资质证书都是沿用总店的，为获取业务，价格相对较低。

Q131 设计工作室与普通装修公司的区别是什么？

设计工作室以设计为主，多是由一些有丰富设计经验的、行业工作时间久的设计师建立。在设计上有独到的见解，可以提供符合家庭格局的设计方案，化解户型难题。但相比普通装修公司价格更贵，并且施工队伍的工作能力难以确定。

Q132 不同类型的装修公司报价有什么差别？

针对不同类型的装修公司，其报价也有所不同。品牌类装修公司在服务费上的价格要比其他类型的装修公司高；设计工作室的报价高，费用主要集中于设计费上；较小的装修公司与施工队的装修费用则主要集中在人工费等方面。

Q133 怎么比较装修公司之间的报价？

装修的费用划不划算，不能简单地以价格的高低来衡量，比较准确的衡量标准应该是质量价格比。这里所说的质量包括六个方面的内容：材料等级、材料的环保性、工艺标准、工程质量、服务内容、保修。在六个方面的内容都不确定的情况下谈价格，是不科学的，也容易使人误入价格陷阱，从而蒙受损失。

Q134 怎么看装修公司资质？

看装修公司的营业执照和资质证书。营业执照必须要有“装饰工程”“家庭装修”这类的经营项目。而且执照上的“年检章”是证明该企业本年度通过了政府相关管理部门的年检，属合法经营。

Q135 工程外包的公司好吗？

建议选有自己施工队的公司，更有保障。有的装修公司没有自己的施工队，所有的装修工程都转手外包出去，后期万一出了问题，施工队和装修公司推卸责任，吃亏的还是业主。

Q136 装修公司售后保修时间越长越有实力吗?

一般越有实力的公司，保修的时间也就越长，这也是这类公司的核心竞争力之一。

Q137 刚开始应该怎么和装修公司沟通?

与装修公司开始接触时，应把一些必要的相关信息交代给装修公司，看他们是否接受。如果装修公司同意承接家庭装修工程，才能进入具体的设计、报价和协商阶段。目前装修公司的报价方式有两种：一是自己报出想投入多少钱，由装修公司结合业主的要求，开始设计和报价；二是自己提出居室装修的具体要求，由装修公司报出实现要求要花多少钱。

Q138 与装修公司沟通时要提供哪些信息?

（1）居住要求：房子准备住多少人，是否有老人和小孩，家庭中人员构成及各成员希望居住于哪个空间里。

（2）功能要求：是否需要书房、吧台、更衣室、保姆房等，冰箱、洗衣机、电脑摆放的位置；现有或准备添置设备的规格、型号和颜色；准备选购的家具及原有家具的款式、材料、颜色；不喜欢的材料、颜色、造型与布局等。

（3）兴趣爱好：男女主人的爱好，有老人的话还要注意老人的爱好、兴趣等。

（4）装修风格：现代、中式、欧式、日韩、田园、地中海等。

（5）预算范围：大概造价需控制在多少，这会涉及设计时用到的材料、工艺等。

Q139 如何选择设计师?

（1）看专业背景。如果选用小型装修公司，应选择当地知名艺术设计院校毕业的室内设计或环境艺术设计专业背景的设计师。

（2）工作经验。随着工作年限的增长，设计师会拥有更多实战经验，能力也会更强。业主可通过设计师的谈吐、工作态度、效率等考察其经验的丰富程度。

（3）沟通方式。优秀的设计师会到住宅进行实地考察，照顾到每一个细节。如果设计师一味省事，态度敷衍，不注重细节问题，则要慎重考虑。

Q140 纯做设计的设计师怎么收费的?

通常只收设计费，在确定平面图后，就要开始签约付款，一般分 2 次付清。

Q141 怎样鉴别设计师的水平高低?

对提供的建筑平面图，是否能在最短的时间内正确分析出它的利弊，并提出设计想法；是否对装修风格、材料、尺度、施工工艺、价格等都很熟悉。

Q142 如何与设计师打交道?

应明确告诉设计师目标装修价位，便于设计师准确了解装修的档次和定位，使整套设计方案完成后，工程预算控制在预算投资范围内。还应尊重和理解设计师的劳动，特别要遵从设计师提出的一些专业性很强的建议，不要将违背设计规范或难于实现的一些个人想法强加给设计师。为了确定自己居室装修的风格，可收集一些喜欢的装修图片给设计师，供其参考。

Q143 选择设计师有哪些诀窍?

选择设计师的时候最好看一下设计师以前的个案和设计作品，观察其在不同方案中采用的手法及对方案的理解程度，以此了解这个设计师的专业技能水平。最重要的是听设计师对自家房屋的空间使用及功能布置的想法，听其准备采用何种装修手法处理房子。要注意听设计师的分析是一时兴起还是有理有据。如果设计师一味地阐述自己的设计风格、设计手法，而不能说出设计的道理，那么就要慎重选择。

Q144 家庭装修中，选择装修队还是装修公司?

装修队的价格相对便宜，但不保修，如果发生质量问题，需要自行购买材料，同时找人修理。另外，买材料出现的运输费、搬运费等需要自己支付。因此，如果本身对装修不了解，也没有在装修方面可靠的朋友，最好还是选择装修公司。

Q145 选择装修公司后什么时候去看工地最好?

（1）水电施工完成，看水电施工是否规范。

（2）泥木施工过半，看泥木基础处理是否规范。

（3）施工结束家具进场，看装修落地是否与效果图一致。

Q146 正规施工队的特点是什么?

正规的施工队应配备相应的水工、电工、木工、油漆工、小工等，在施工过程中有统一领导、统一技法，定期开会商议工程进度，各工种中大小师傅配置合理，工期进度稳定。

Q147 如何考察施工队?

（1）看现场。看现场也要分几个方面，包括卫生情况、安全措施、材料码放、工人食宿、工人素质。

（2）看材料。要看看现场施工队所用的材料是不是大家所熟知的优质环保的装饰材料，板材是不是无甲醛的，墙漆是不是品牌的等。

（3）看报价。报价来源于装饰工程所用的工费、材料、工艺，也就是说一份报价的高低与选用的材料价格、施工工艺的难易度、用工多少是分不开的。

预·算·报·价·单·查·看

Q148 预算报价单都包含哪些费用呢?

主材费、辅材费、人工费、设计费、管理费和税金。

Q149 装修预算中的直接费怎么算?

直接费包括人工费、材料费、机械费等。人工费是指装修工人的基本工资及基本生活费用；材料费是指装修工程中用到的各种装饰材料成品、半成品及配套用品费用；机械费是指机械器具的使用、折旧、运输、维修等费用。

Q150 装修预算中的间接费怎么算?

间接费主要包括管理费、实际利润、税金等。

间接费	项目	说明
间接费	管理费	指用于组织和管理施工行为所需要的费用，目前管理费取费标准一般为直接费用的 5% ~ 10%
	实际利润	是装修公司作为商业营利单位的一个必然取费项目，一般为直接费的 5% ~ 8%
	税金	税金是直接费、管理费、计划利润总和的 3.4% ~ 3.8%，凡是具有正规发票的装修公司都有向国家交纳税款的责任和义务

Q151 预算报价单中的主材费是什么?

各种构造板材、瓷砖、地板、橱柜、门及门套、灯具、洁具、开关插座、热水器、水龙头、花洒和净水机等。

Q152 预算报价单中的辅材费包括什么?

各种钉子、水泥、黄砂、油漆刷子、砂纸、腻子、胶、电线、小五金、门铃等。

Q153 预算报价单中主材和辅材要分开报价吗?

主材和辅材一定要分开报价，并且每种材料的单价、品牌、规格、等级、用量都要要求装修公司说明清楚，分开报价。同一项目材料的不同品牌和用量，总价也会不同。

Q154 怎么判断材料价格和人工费用是否合理?

如果要判断材料价格和人工费用是否合理，需要多了解一下材料市场和装修行情，因为这两项费用的波动较大。当然，要准确估算出装修价格比较难，但不妨多到几家装修公司、材料卖场了解情况，以此为参考，估算出大致的价格。

Q155 预算报价单中的管理费是什么?

装修公司在管理中所产生的费用，其中包括利润，如业务人员工资、行政管理人员的工资、企业办公费用、企业房租、水电费、通信费、交通费、管理人员的社会保障费用及企业固定资产折旧费和日常费用等。

Q156 管理费会直接出现在预算报价单中吗?

不会。管理费是装饰装修工程的间接费用，它不直接形成家居装饰装修工程的实体，也不归属于某一项施工项目，它只能间接地分摊到各个装饰装修工程的费用中。

Q157 预算报价单中的“机械磨损费”“现场管理费”需要支付吗?

“机械磨损”是装修中必然发生的，“现场管理费”则是装修公司应该做到的，这两项费用其实都已经摊入到每项工程中，不应该再额外收取。

Q158 预算报价单中税费该由谁承担?

根据“谁经营、谁纳税”的原则，税费该由装修公司缴纳。

Q159 预算报价单附件包括哪些？

原始户型图、装修户型图、水电施工图、开关插座布置图、吊顶设计图。如果有衣柜、橱柜、壁柜、背景造型，需要出具这些工程的局部放大图，标清其制作的工艺和尺寸。如果必要，还应该附有材料使用详细清单、工程进度表等。

Q160 制作预算报价单有哪些方式？

一般可采取两种方式与装修公司洽谈：装修公司根据客户提供的装修总价来做设计和预算；客户提出装修要求，装修公司提出价格，然后由客户认可。

Q161 看懂预算报价单要掌握的原则是什么？

确认所有需装修的项目面积；确认单价；确认材料品种、规格、档次；确认工艺与验收标准；确认其他方面的收费。

Q162 最全的“家庭预算报价单”应该包括哪些？

详细的装修项目名称；明确计算单位；清晰的工艺标准、材料品种、等级等方面的说明；准确的计算面积；明确的工程验收标准。

Q163 看预算报价单时要注意哪些？

确认单价，千万不要被低报价所吸引；不要被高报价后的打大折扣、让利所吸引；注意该报价单的完整性。

Q164 报价很低的预算书可信吗？

装修预算里，材料费、施工费、管理费、利润等都应该明确。而没有信誉的装修公司或施工队往往采取“低开高走”的报价做法承揽业务，在预算时将价格压至很低，甚至低于常理，诱导业主签订合同。进入施工过程后，又以各种名目增加费用。比如，在预算中漏掉一至两项，并宣称按照行规该工程项目原本由业主自行解决，而合同中却没有明确指出，一步步加价，不少工程项目因此而攀升至原报价的两倍甚至三倍。

Q165 不会看设计图纸会影响预算报价吗?

会的。一套完整、详细、准确的图纸是预算报价的基础，因为，报价都是依据图纸中具体的面积、长度尺寸、使用的材料及工艺等情况而制定的。图纸不准确，预算也不会准确。

Q166 怎么对比图纸与预算报价单?

参照图纸核对预算书中各工程项目的具体数量。例如，用图纸上的尺寸计算出刷墙漆的面积是 85 平方米，那么预算书中应该是 84~86 平方米。如果按图纸计算的面积是 85 平方米，而预算书是 90 平方米，这就是明显的错误。对于一些单价高的装修项目，往往就会相差上千元。

Q167 怎么对照设计图纸审核对应的报价单呢?

预算报价单是根据设计师的图纸来做的，设计图纸出来后，才可能做成对应的报价单。因此，审核预算报价单时，首先需要对照设计图纸来看。根据图纸可以比较清楚地看出报价单上的项目是否有增项、漏项的情况。

Q168 同一个空间、雷同的设计，报价会相差很大吗?

装修项目、工程量的多少是影响整个装修造价的直接因素，同时，装修公司的规模、资质、等级、管理制度不同，其收费标准也有所不同。另外，需要注意的是，报价还会因为材质、工艺细致度等不同而有所差异。

Q169 “免费设计”靠谱吗?

一些打着“设计不收费”招牌的装修公司，都是先拿出一大堆平面图、效果图让业主选。然后再简单询问基本情况，之后很快就从电脑里拿出一张“适合房子要求”的设计效果图纸。如果再想让其出个详细的设计图，就会被追加要量房费，并声称在装修开始后可以折抵工程款，这就迫使人不得不与该公司签约。

Q170 怎么和装修公司砍价?

不要砍太多，一般正规装修公司的毛利率大概在总价的 10%~40%。如果将装修公司的管理费砍至工程总造价的 5%，为了保持合理利润，装修公司就会克扣各项费用。

Q171 与装修公司谈价格的时候有什么技巧吗?

提前了解材料的市场价格、常见装修项目的市场价格以及自己希望做哪些主要项目等。一是将几家装修公司做比较，同样的问题看看谁的解答更为合理客观；二是同样的问题再次去问同一个人，看他答得是否一样，由此可以看出对方是不是真有水准和诚意。

Q172 装修设计费的收取有什么标准吗?

以《北京市家庭居室装饰装修设计服务及取费参考标准》为例。

（1）一般户型的一般性设计，套内装饰面积在80平方米以内、工程造价在3万元以内（含3万元）的工程设计按项目收费，每项工程设计费为500元。

（2）四层以上复式户型、独栋别墅的高档次装修设计，套内装饰面积在80平方米以上（不含80平方米）的工程设计，按套内装饰面积并根据从事工程设计的设计师资格等级收取设计费，设计费标准为20～50元/平方米，在此范围内由设计单位自行掌握。

Q173 什么是“套餐装修”？

套餐装修是把材料部分，即墙砖、地砖、地板、橱柜、洁具、门及门套、窗套、墙面漆、吊顶等，全面采用品牌主材再加上基础装修组合在一起。

Q174 装修公司的“大礼包”是不是真的实惠?

不一定。这些所谓的打折、礼包都是基于一定的前提条件，并带有很多附加条件的。如在签订合同前，装修公司可能会许诺七折的优惠，并要求交纳一定金额的定金。但实际签订合同中可能只有部分项目打七折，并且不退还定金。

Q175 装修公司承诺的“一口价全包”能信吗?

市面上说“一口价全包，不赚钱”的公司基本上都会在后期增项的时候把钱挣回来，比如在水电改造的时候各种绕线、改点位，林林总总加起来多出几万元都有可能。所以，尽量不要选择这样的公司，除非装修公司在合同中写清楚增项不会超过多少比例。

Q176 装修公司在预算时会做手脚吗?

有些装修公司在做预算时，往往将一些项目有意改为不常规的算法，这样使单价看上去很低。在结算时，这些本来单价很低的项目就会突然数量变大，从而导致总价提升许多。比如，改电项目按米计算，本来是合理的，结算时，并不是按管的长度计算，而是按电线的长度进行计算。一根管里面往往会有数根电线，如此一来，总价就会翻数倍。

Q177 两个装修公司的报价不同，可以选报价低的吗?

有时候在比对报价时，甲公司的报价为 10 万元，乙公司的报价为 8 万元，但是不一定说选乙公司就代表省钱，因为不同公司使用的材料和施工工艺不一样，甚至可能是因为甲公司增加了某个施工项目或是乙公司少了某个项目。因此不能简单地以报价总价来决定选择哪家装修公司。

Q178 装修公司对报价单不做详细解释可以吗?

不可以。装修公司应该告诉装修家庭，所报的这个价格是由什么材料、什么工艺构成的。因为施工过程中，难免会出现一些特殊的情况，这时装修的费用就不能按正常报价来计算了。如水路、电路施工：预算中关于水路、电路的改造费用开始时很难准确计算出，通常是先预收一部分，竣工时再按实际发生的数量进行结算。

Q179 装修公司会在预算中怎样提高总价?

（1）把一个项目拆成几个项目，单价下降，总价却提升不少。比如，把贴墙面砖拆成墙面基层处理和贴墙砖两个项目；把马桶安装项目中的三角阀和金属软管单独列成两个项目等。

（2）虚假报数提高总价。有些装修公司在做预算时，人为地把数量很大的项目少报，这样就会把总价压下去，使预算看上去非常诱人。等到实际装修工程中，发现按照预算工程量根本无法进行，此时装修公司就可以堂而皇之地按照工程量的变动增加费用，最终总的装修费用还是上去了，甚至更高。

Q180 如何避免装修公司诱导增项?

因为没有法规约束，所以最好的办法就是在装修设计阶段，一定要做好功课，与设计师共同商定好设计方案，而方案一旦定下，开工后，就不要轻易变动更改。

Q181 预算书中哪些项目属于不合理收费?

在预算书的最后，会有一些诸如“机械磨损费”“现场管理费”等项目，这些项目其实都属于不合理收费。“机械磨损”是装修中必然发生的，“现场管理”则是装修公司应该做到的，这两项费用其实都已经摊入到每项工程中去了，不应该再索取。

Q182 装修公司会怎样虚增工程量呢?

有些装修公司利用业主不懂行的弱点，钻一些计算规则的空子，从而增加工程量，达到获利的目的。例如，在计算涂刷墙面乳胶漆时，没有将门窗面积扣除，或者将墙面长宽增加，都会导致装修预算的增加；另外，按照以前的惯例，门窗面积按 50% 计入涂刷面积。其实目前很多家庭都包门窗套，门窗周边就不用涂刷了。但有些装修公司仍按照 50%，甚至按 100% 计入墙壁涂刷面积。

Q183 怎么知道报价单里有没有“水分”？

最简单的办法就是查看报价单是否在“价格说明”以外，还有“材料结构和制造安装工艺标准”。

以装修中最常见的衣柜制造项目为例，目前市场报价包工包料最高价为每平方米 780 元，最低价为 500 余元。差价有如此之多，其原因就在于制造工艺与使用材料的不同。有的使用合资板，有的使用进口板。如果忽视制造工艺技术标准，又怎么能弄清价格的水分程度呢?

Q184 如何杜绝装修公司“多报多算”？

一定要细看报价单，对于拆分非常细的项目也要提高警惕，最好咨询一下周边有经验的朋友或专业人士，让他们帮忙看一下报价单中的每一项是否存在多头重复报价的问题。

Q185 如何核实装修报价中的“分项计算”？

有些装修公司表面做得比较正规，将某一单项工程随意地分解成多个分项，按每一个分项分别报价。看起来似乎报价明确，但却不知道装修公司会在分项计算上提高价格。如做门，把门扇、门套、合页等五金件分别作为单独的项目计价，往往把一些分项价格各提高一小部分，让人不易觉察，总体价格就在不知不觉中被提高了很多。

Q186 如何防止装修公司在单项面积上做手脚?

在装修时，业主一般会很关注单项价格，却忽略单项面积，很多时候都只是大致估算一下，事实上，单项面积是装修公司或工头容易做手脚的地方，如果每项面积都稍微增加一些，单项价格又高，那么费用就会攀升。

Q187 装修公司会利用什么理由更改原始预算方案以增加报价?

有些装修公司在做预算时，故意在那些没有经过设计的工程项目中将一些已经淘汰的工艺或者做法写进预算中，以此来降低预算报价。而这些项目按照预算中的做法进行装修，效果会差强人意，如果被要求修改，装修公司就有理由收钱了。更有甚者，本来还可以的项目，装修公司仍然会找各种各样合理或不合理的借口来说明这个做法的不妥，目的就是要修改方案，从而再次收费。

Q188 怎样规避装修中“特殊情况”的费用?

在装修前应该充分了解装修中可能出现的“特殊情况”，并针对这些“特殊情况”做特别的预算。这时，装修的费用就不能按正常报价来计算了。水电改造、墙面地面装修最常出现“特殊情况”。例如，墙面裂缝、瓷砖的花色不一样、水电改造的实际发生数量与原来的估计出入比较大等，预算中关于水路、电路的改造费用开始时很难准确计算出，通常是先预收一小部分，竣工时再按实际发生的数量进行结算。

Q189 为什么要仔细复查预算报价单中的所有数字?

以墙面乳胶漆项目为例，装修公司实测面积为 20 平方米，但在预算报价单中却标成 25 平方米，如果不仔细复查，那么就要多付 5 平方米的钱。

Q190 预算报价单中有什么要特别注意的?

对不同施工项目的报价单位要弄清楚。比如，大理石就应该按照“平方米”报价，而不是按照“米”来报价，按“米”报总价就会增加。

Q191 怎样避免装修公司故意延误工期?

装修前和装修公司认真设定时间表，并且在合同中注明；随时到施工现场，了解工程状况。

Q192 装修公司承诺的短期完工可信吗?

不可信。一般新房施工至少需要 1 个月，老房则需要 2 个月，为了保险起见，最少也要多预留半个月或 1 个月进行施工。若有装修公司答应在短期内可以完工，那么就要当心。

Q193 装修公司出报价前为什么还要实地量房?

一是通过测量算出各种材料的使用量，二是为了测算出装修的总款项。但是，个别装修公司往往会利用此次测量机会，虚报装修面积。这样，装修公司的部分利润就可以通过这种方式获取。

Q194 装修需要测量哪些地方?

房子的装修费大多取决于装修面积的大小，但是，装修面积却与房子的实际面积不一样，会比其实际面积小很多。因此，在装修前，一定要对房子的装修面积，如墙面、顶面、地面、门窗等部分进行测量。

Q195 怎么进行设计前的装修测量?

先画一张平面草图，记得墙身要有厚度，门、窗、柱、洗手盆、浴缸、灶台等一切固定设备要全部画出。草图不必太准确，样子差不多即可。使用拉尺在每个房间内顺（或逆）时针方向一段一段测量，量一次马上用蓝色笔把尺寸写在图上相应的位置。用红色笔在平面图和立面图上写上原有水电设施位置的尺寸（包括开关、灯具、水龙头、煤气管的位置，电话及电视出线位等）。

Q196 包工包料的装修方式在装修预算上容易出现哪些问题?

一般来讲，正规的公司都有很高的透明度，对于各种材料的性能、规格、工艺、等级、价格等都能清楚地说明。此外，由于装修公司经常与材料供应商打交道，供货渠道比较稳定，很少会买到假冒伪劣产品，同时大批量购买，价格也会相对较低。但这种方式也给装修公司在材料上留有很大的利润空间，有利于他们偷工减料。

Q197 包清工的装修方式在装修预算上容易出现哪些问题?

要耗费大量时间掌握材料知识；容易买到假冒伪劣产品；无休止砍价，精力消耗大；运输费用浪费；对材料用量估计失误容易引起浪费。对装修公司来说，工人不会帮业主省材料；装修质量问题可能会被推托于业主采购的材料质量不佳。

Q198 包工包辅料的装修方式在装修预算上容易出现哪些问题?

装修公司方面容易将辅料以次充好，偷工减料，推卸责任把装修质量问题归咎于主材。

Q199 报价单中一定要写全所用材料信息吗?

报价单所报的价格没有注明所使用何种材料或只有材料说明，但没注明材料产地、规格、品种等，该报价就是一个虚数或是一个假价。

Q200 报价单上模糊材料品牌及型号有什么影响?

在预算报价单上只是写明材料名称，但并没有指明品牌规格及生产厂商，在实际施工过程中，用低品质的材料以次充好。如果被发现，装修公司则会提出要求，并声称成本太高，必须加价。而此时施工已进行一半，况且已经有了书面合同，迫使业主不得不支付额外的费用。

Q201 如何注意装修公司在报价单材料规格上做的手脚?

一份详细的预算报价单，应将使用材料的品牌、规格、单位、单价、数量、合计金额全部列清。而有些装修公司只把品牌、单价及合计金额列出，规格和数量忽略不计。有些材料规格不同，价格差异很大，如不写清此项，将来装修公司购买材料时，便可以轻易做手脚。

Q202 如何避免装修公司材料以次充好?

一定要在预算报价单中写清楚材料的单价、品牌、规格等，越详细越好，并且在材料到场后仔细核查。

Q203 如何注意报价单中损耗费的重复计费?

施工中，材料会发生损耗，所以购料时要在实际用量中加入损耗部分。在报价中，这部分数量是含在单价里的。在有些报价单中，材料总额又另加上 10% 损耗费，实际上是重复计费。

Q204 预算报价单中哪些项目不会单独体现?

板材、瓷砖和地板不会在预算中单独体现，而是与辅材和工费一起按照一定单位合计体现。另外，由于辅材数量多且种类杂，在预算表中不会单独体现，而是合计到其他费用之中。

Q205 为什么要确保报价单上的工程项目齐全?

因为如果没有检查报价单上的工程项目是否齐全，那么漏掉的项目到了现场施工时，肯定还是要做的，这就免不了要补办增加装修项目的手续，计划费用自然又“超标”了。

Q206 报价单中要注明不同的施工项目吗?

施工工艺和难度不同的项目收取的人工费也不同，需要装修公司对不同项目进行注明。比如，贴不同规格的瓷砖人工费也是不同的；铲墙时，铲除涂料层和铲除壁纸层也是不同的；墙面乳胶漆施工喷涂、滚涂、刷涂不同，工艺效果不同，人工费也不同，耗费的面漆用量也不同，这都牵涉项目的整个花费。

Q207 如何避免不需要的施工项目?

无论是设计师还是装修公司，出于盈利的本能，都会在最初的报价上列出一些可要可不要的项目。这时需要仔细考量，删去可有可无的项目，节省开支，但也不是所有项目都能省去，与装修公司谈合同时，要事先做到心中有数。

Q208 如何注意装修公司在报价单施工工艺上做的手脚?

装修报价单上，有些施工项目有几种施工做法，做法不同，价格自然也有很大差异。如果只写贴瓷砖多少钱、刷涂料多少钱，这样太含糊其词。不同的施工工艺所涉及的主料、辅料的种类和数量会有所不同。不写明施工工艺，一方面在价格上，会有伸缩余地，装修公司有可能按这种施工工艺收钱，却用其他简单做法施工；另一方面，在施工过程中，也就没有监督施工的依据。

Q209 装修公司的“先施工，后付款”可信吗?

不可信。一旦签订装修合同后，装修公司就有可能频繁改设计、加项目、变工艺、加费用，如果装修款项增加不到位，则又会肆意停工，耽误时间。如果终止合同，另外寻求其他施工单位，则前期的工程与后续工程不能相结合，会造成施工难度增加，后续施工单位也会以此为借口增加各种施工费用，这样就会陷入恶性循环中。

Q210 装修完设计图纸需要保留好吗?

所有的设计图纸都必须保留完整，日后一旦水电工程出了故障，或是想重新改装，都需要设计图纸作为参考依据。

Q211 墙面刷漆怎么预估面积和预算?

墙面刷漆或贴壁纸，面积按墙面长度乘以墙面高度来计算。长度：按主墙面的净长计算，高度：无墙裙者从室内地面算至楼板底面，有墙裙者从墙裙顶点算至楼板底面；有吊顶的从室内地面（或墙裙顶点）算至吊顶下沿再加 20 厘米。门、窗所占面积应扣除（1 ／ 2），但不扣除踢脚线、挂镜线、单个面积在 0.3 平方米以内的孔洞面积和梁头与墙面交接的面积。

Q212 通过顶面面积来预估用料费用怎么算?

顶面（包括梁）的装饰材料一般包括涂料、吊顶、顶角线（装饰角花）及采光顶面等。吊顶施工的面积均按墙与墙之间的净面积以“平方米”计算，不扣除间壁墙、穿过吊顶的柱、垛和附墙烟囱等所占面积。顶角线长度按房屋内墙的净周长以“米”计算。

Q213 通过地面面积来预估用料费用怎么算?

地面的装饰材料一般包括：木地板、地砖（或石材）、地毯、楼梯踏步及扶手等。地面面积按墙与墙间的净面积以“平方米”计算，不扣除间壁墙、穿过地面的柱、垛和附墙烟囱等所占面积。楼梯踏步的面积按实际展开面积以“平方米”计算，不扣除宽度在 30 厘米以内的楼梯井所占面积；楼梯扶手和栏杆的长度可按其全部水平投影长度（不包括墙内部分）乘以系数 1.15 以“延长米”计算。

合·同·签·订

Q214 签合同前要做哪些准备?

面积一定要自己计算过；签合同之前把自己对主材和辅材的品牌要求告诉装修公司；询问装修公司自己家房子装修的难点，在其回答的过程中就能发现装修公司是否是有经验的。

Q215 合同签订的整个流程是什么?

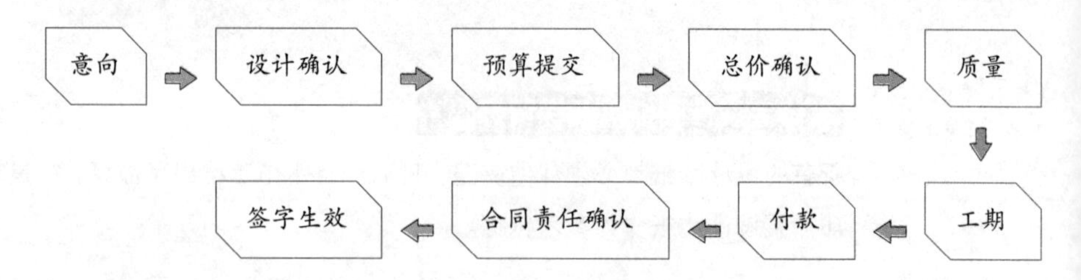

Q216 签订装修合同时要注意哪些地方?

（1）合同的主体是否明确，合同中的名称和联系方式是否准确，查验装修合同当事人的身份。

（2）双方权利义务是否清楚、全面；应当明确违约责任、纠纷处理方式。

（3）装修工程书面文件是否齐全；写明居室装修施工内容及承包方式。

（4）写明工价、付款方式和工期。

（5）详细写明有关材料供应的约定内容。

（6）质量标准是否清楚。

Q217 装修公司在合同上容易出现哪些文字游戏问题?

一些公司在签协议时，故意使用一些模棱两可的词语。比如，在合同条款中注明："当装修中，如原品牌材料没货时，乙方可临时更换相同型号的材料"。但没有写明"相同型号"是同质量，还是同类材料。这样，装修公司很可能就会以价低、质差的材料代替。

Q218 有什么合同砍价策略吗?

（1）砍技术含量低的项目，比如敲打费、搬运费。

（2）砍非标工序的价格，比如踢脚线、门洞修复等，这些一般是装修公司的利润点。

（3）技术含量高的项目不随便砍，如水电、瓷砖、油漆这些对工人技术要求高的项目，尽量不要砍低价，否则会影响工人的质量。

Q219 装修合同中"业主的职责"包括哪些?

业主给施工方提供图纸或做法说明；腾出房屋并拆除影响施工的障碍物；提供施工所需的水、电等；办理施工所涉及的各种申请、批件等手续。

Q220 合同中需要规定违约责任和结算约定吗?

需要。签订装修合同时，除了要在合同中明确装修款的支付方式、时间、流程，还要明确违约的责任及处置办法等，合同约定得越仔细，纠纷产生的可能性就越小，装修的时间和质量才会得到保证。

Q221 如何理解装修合同中的违约责任？主要有哪些?

装修过程中的违约责任一般分为甲方违约责任和乙方违约责任两种。甲方违约责任比较常见的是拖延付款时间，乙方违约责任比较常见的是拖延工期。

Q222 合同为什么最好写明赔偿条款?

对于并非合同中注明而出现的一些延期或其他情况，应列出处罚条款，通常来说是金钱上的处罚，例如延期一天扣除多少金额等，以防施工队同时赶工好几个工地而耽误自家的工程。

Q223 签订装修合同时，可以要求设计师提供图纸吗?

在签订装修合同时，应该主动要求设计师出示水电路改造图纸，并对照图纸严格计算出水电改造中可能发生的数量变化。例如，一些电源插座改造、开关面板改造、水路改造等，并就此计算出大概的预算，这样就可以避免在装修过程中产生的增项费用。

Q224 什么情况会导致工程总款比合同款多?

（1）在装修过程中增加装修项目。比如在合同外，又多做衣柜，很多本来应该装修公司买的东西，最后变成自己花钱买。

（2）看合同是否有重复计算的地方。比如，涂料是自己买的，可是在预算上，却把涂料钱付给装修公司。

（3）所有施工项目的面积是否仔细丈量。要知道，即使在装修前把价格压得很低，装修公司也有办法在预算中把钱都悄悄加回来。要避免装修公司在工程量上做手脚，业主需要了解房屋的装修面积。

Q225 什么样的付款方式对业主最有利?

装修前支付 30%，工程过半后支付 30%，验收合格后支付 30%，验收合格 3 个月后支付 10%，这种方式对业主来说是最有利的。

Q226 施工合同签订后，在工期后期，又发生了许多追加费用，怎么办？

（1）确认报价。看看里面材料的数量和品号是不是都详细明确。

（2）签合同时确认一下，如果图纸里应有材料或者施工节点在报价中发生了遗漏，事后要追加的话，责任由谁来负责。非客户原因产生的额外费用都由公司承担。

Q227 约定付款方式有什么好处？

在签订装修合同时，就要在合同中明确装修款的支付方式、时间、流程，以及违约的责任及处置办法等，合同约定得越仔细，纠纷产生的可能性就越小，装修的时间和质量才会得以保证。

Q228 清包什么时候支付首期款最好？

对于清包工程，装修的费用一般不算多，装修公司通常会要求先支付点“生活费”，这时不妨先付一些，但出手不需要太过阔绰。清包费用可以勤给，但每次都不要给得太多，一定要控制好，以免工程完工前就把费用付清了。

Q229 全包和半包怎么支付首期款？

全包和半包的首期款一般为总费用的30% ~ 40%，但为了保险起见，首期款的支付应该争取在第一批材料进场并验收合格后支付，否则发现材料有问题，我们就会变得很被动。

Q230 什么时候支付中期款？

装修开始后，个别工头会以进材料没钱等借口向业主索要中期款。其实，中期款的付款标准是木器制作结束，厨卫墙、地砖、吊顶结束，墙面找平结束，电路改造结束。同时，中期款的支付最好在合同中有所体现，只要合同写明，就可以完全按照合同的约定进行付款和施工了。

Q231 尾款可以在入住后一个月支付吗？

主要看签订的合同中是否写明具体的付款方式；或者有些装修公司有他们自己的付款规定，如果认可它的规定，就要按照装修公司的规定办法去执行。

第三章

材料辨别与选购

装修中我们接触到最多的就是材料，从装修开始到结束，我们都要与各种材料打交道，这也就意味着我们需要了解每一种材料的好坏，以及怎么购买比较好。不管是哪种装修方式，我们都要学会辨别材料与选购材料，这样能避免买到以次充好的材料，保证装修的质量。

地·板·材·料

Q232 实木地板可以分为几个等级?

实木地板分 AA 级、A 级、B 级三个等级，AA 级质量最高。

Q233 实木地板都一样吗?

实木地板按表面加工的深度分为两类。

一类是淋漆板，即地板的表面已经涂刷了地板漆，可以直接安装后使用。

另一类是素板，即地板表面没有进行淋漆处理，铺装后必须涂刷地板漆。由于素板在安装后经打磨、刷地板漆等处理后，表面平整、漆膜是一个整体，因此无论是装修效果还是质量都优于淋漆板，只是安装比较费时。

Q234 实木地板有什么缺点吗?

难保养。实木地板对铺装的要求较高，一旦铺装得不好，会造成一系列问题，诸如有声响等。如果室内环境过于潮湿或干燥，实木地板容易起拱、翘曲或变形。铺装好后还要经常打蜡、上油，否则地板表面的光泽很快就会消失。

Q235 实木地板耐磨吗?

地板最重要的就是耐磨度，因为铺在地上要经过几十年的走动、摩擦，所以一定要耐磨、耐脏。而实木地板相对就比较娇气，怕坚硬物品、怕火、怕晒、怕抓、怕水、怕虫，一般需要精心地保养和清洁。

Q236 实木地板怎么挑选比较好?

（1）选购时关键看漆膜光洁度。有无气泡、漏漆以及耐磨度等。

（2）检查基材的缺陷，看地板是否有死节、活节、开裂、腐朽、菌变等缺陷。

（3）识别木地板材种。有的厂家为促进销售，将木材冠以各式各样不符合木材学的美名；更有甚者，以低档木材冒充高档木材。

（4）测量地板的含水率。一般木地板的经销商应有含水率测定仪，如果没有则说明对含水率这项技术指标不重视。

Q237 实木地板全选高强度的可以吗?

可以，但是花费比较高。可以在客厅、餐厅等人流活动集中的空间选择强度高的品种，如巴西柚木、杉木等；卧室可选择强度相对低些的品种，如水曲柳、红橡、山毛榉等；而老人住的房间则可选择强度一般，却十分柔和温暖的柳桉、西南桦等。

Q238 实木地板“越长越好”吗?

实木地板并非越长、越宽越好。中短长度的地板不易变形；反之，长度、宽度过大的木地板相对容易变形。

Q239 预算一般，又想用实木地板怎么选呢?

可以选用番龙眼地板和圆盘豆地板这种入门级的实木地板，小品牌裸板 200~300 元 / 平方米。番龙眼地板呈浅红褐色，有金色光泽，性价比很高。圆盘豆地板相对于番龙眼地板会硬一些，耐候性也会好点，缺点是颜色比较暗。

Q240 实木复合地板就是复合地板吗?

不是。市场上的“复合地板”一般指的是强化复合地板。

Q241 实木复合地板与实木地板、强化复合地板有何区别?

实木复合地板是将几层原木用胶粘起来，再在表面贴上实木皮，而实木地板是由整块木头加工成的。强化复合地板是把便宜的木头打碎，然后由这些木渣经过高温、胶压制而成。

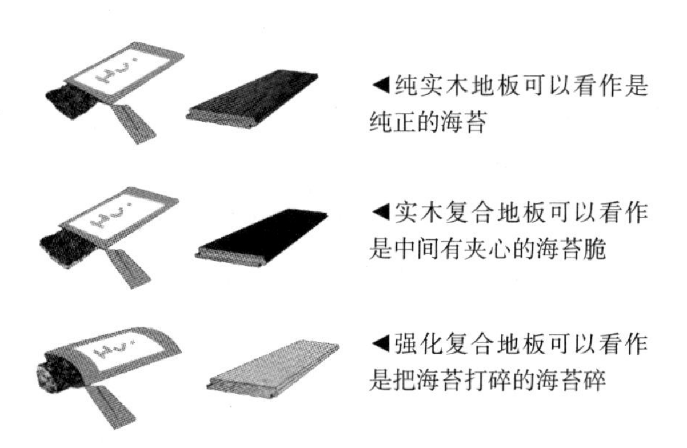

◀纯实木地板可以看作是纯正的海苔

◀实木复合地板可以看作是中间有夹心的海苔脆

◀强化复合地板可以看作是把海苔打碎的海苔碎

Q242 “色泽油亮”的实木复合地板质量就好吗?

所谓的“色泽油亮”往往具有很大的水分。一些商家没有选用优质的原木，或者为了降低成本而不去木皮，而后再用油漆将劣质地板表面涂抹出所谓的“丰满色泽”，以次充好。

Q243 实木复合地板该如何选购？

（1）要注意实木复合地板各层的板材都应为实木。

（2）并不是面板越厚，质量越好。三层实木复合地板的面板厚度以 2 ~ 4 毫米为宜，多层实木复合地板的面板厚度以 0.3 ~ 2 毫米为宜。

（3）表层的树种材质越好、花纹越整齐、色差越小，价格越贵；反之，树种材质越差、色差越大、表面节疤越多，价格就越低。

（4）应注意含水率，因为含水率是地板变形的主要因素。可向销售商索取产品质量报告等相关文件进行查询。

Q244 多层实木复合地板是什么？和其他复合地板有什么区别吗？

多层实木复合地板比实木复合地板又多了几层，因此也多了几层漆和胶，环保性再降低一点，不过由于每层都是薄木片交错黏合，价格也更便宜。

多层实木复合地板、实木复合地板、强化复合地板之间的区别：

价格	实木复合地板 > 多层实木复合地板 > 强化复合地板
耐用	强化复合地板 > 多层实木复合地板 > 实木复合地板
环保	实木复合地板 > 多层实木复合地板 > 强化复合地板

Q245 实木复合地板选哪种接口比较好？

选择免胶锁扣地板。因为地板接口一般有平扣和锁扣两种，平扣的地板目前已经被淘汰，所以要选带锁扣的。锁扣地板又分为免胶和不免胶的，前者在榫头和槽口处进行了特殊处理，无需胶水，而后者则需要使用胶水才能安装，否则会开裂，而且也不环保。

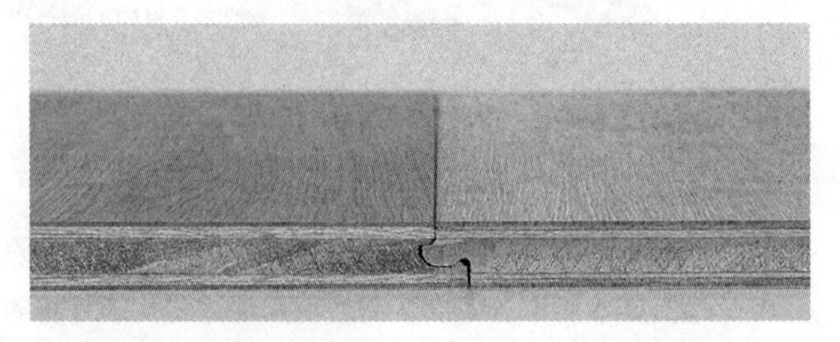

▲无缝衔接，免胶免钉

Q246 强化复合地板该如何选购?

（1）检测耐磨转数。耐磨转数达到 1 万转为优等品，不足 1 万转的产品，在使用 1 ~ 3 年后就可能出现不同程度的磨损现象。

（2）注意甲醛含量。按照国家标准，每 100 克地板的甲醛含量不得超过 40 毫克，如果超过 40 毫克属不合格产品。其中，A 级产品的甲醛含量应低于 9 毫克/100 克。

（3）观察测量地板厚度。目前，市场上地板的厚度一般在 6 ~ 8 毫米，同价格范围内，选择时应以厚度厚些为好。

（4）查看正规证书和检验报告。选择地板时一定要弄清商家有无相关证书和质量检验报告。

Q247 强化复合地板是否越厚越好?

不是，强化复合地板的最佳厚度为 8 毫米。如果加厚，基材成本会随着木质纤维的增加而提高。12 毫米厚地板的成本通常是 8 毫米厚地板的 1.3 倍以上，但是 12 毫米厚的地板价格并不高，原因是厂家为了使地板的价格更有竞争力，采用低于规定密度的基材，甚至是劣质基材，不仅物理性能差，更可怕的是甲醛严重超标。

Q248 强化复合地板踩上去有响声是因为厚度不够吗?

不是。实际上，地板响声的主要原因是基材密度高和直接接触地面。而密度高正是强化复合地板使用寿命长的根本原因，并且现在已经有方法来有效改善强化复合地板的脚感和响声。

Q249 进口的强化复合地板比国产地板好吗?

事实上，国产和进口的强化复合地板在质量上没有太大的差距。目前，国内一线品牌强化复合地板的质量已经很好，在各项指标上均不会落后于进口品牌。很多国产优质品牌强化复合地板一直在出口欧美国家和地区。

Q250 听说竹木地板很环保，是真的吗?

是的。竹木地板是采用适龄的竹木精制而成，地板无毒，牢固稳定，不开胶，不变形。经过脱去糖分、淀粉、脂肪、蛋白质等特殊无害处理后的竹材，具有超强的防虫蛀功能。

Q251 软木地板怎么选比较靠谱?

（1）用眼观察地板砂光表面是否很光滑，有无鼓凸的颗粒，软木的颗粒是否纯净。

（2）从包装箱中随便取几块软木地板，铺在较平整的地面上，拼装起来后看其是否有空隙或不平整，依此可检验出软木地板的边长是否平直。

（3）将软木地板的两对角线合拢，看其弯曲表面是否出现裂痕，如有裂痕则尽量不要购买。依此可检验出软木地板的弯曲强度。

Q252 怎么才能辨别竹木地板的好坏?

（1）观察竹木地板表面的漆上有无气泡，竹节是否太黑，表面有无胶线，然后看四周有无裂缝，有无批灰痕迹，是否干净整洁等。

（2）质量好的产品表面颜色应基本一致，清新而具有活力。

（3）要注意竹木地板是否是六面淋漆。由于竹木地板是绿色自然产品，表面带有毛细孔，可能因吸潮而引发变形，所以必须将四周、底、表面全部封漆。

（4）可拿起一块竹木地板，若拿在手中感觉较轻，说明采用的是嫩竹，若眼观其纹理模糊不清，说明此竹材不新鲜，是较陈旧的竹材。

Q253 竹木地板所用的竹子年龄越大越好吗?

并不是说竹子的年龄越大越好。最好的竹材年龄是 4 ~ 6 年的，4 年以下太小没成材，竹质太嫩；年龄超过 9 年的竹子就老了，老毛竹皮太厚，使用起来较脆。

Q254 MDI 无醛地板，靠谱吗?

相对靠谱，除了纯实木地板，目前较为推荐这类板材。但无醛地板不是零甲醛释放，而是指 MDI 胶的合成原料不包括甲醛。

Q255 地热采暖地板能节省空间吗?

地热采暖地板又称低温热水辐射采暖地板，它是将整个地面作为散热器，在地板结构层内铺设管道。通过往管道内注入 60 摄氏度以下的低温热水来加热地面楼板的混凝土层，使地面温度保持在 26 摄氏度左右，室内温度随高度均匀下降，可以节省房间的有效使用面积，并可有效节约能源。

Q256 家里安装了地暖，能铺哪些地板?

实木复合地板的稳定性最强，经热耐用，是大多数地暖家庭的首选。强化复合地板防潮、防水，耐磨、耐高温，性价比高，也比较适合。

Q257 地暖实木地板好用吗？价格更高吗?

地暖实木地板比普通实木地板多了一个二次烘干（也叫木板养生）的过程，不仅能降低木板的含水率，还能减少潮湿起拱等变形的危险。但是性能提升后，价格也上升了很多。

Q258 防潮地板是真的不怕水吗?

不是，防潮地板主要起到的是加强防潮的作用。有些复合木地板可在水中浸泡，是因为其中加大了脲醛树脂胶含量或使用酚酞胶制成。但这会造成甲醛超标，而酚酞胶是含有剧毒的，在国外是严格禁止在室内使用的。

Q259 无甲醛地板有哪些?

无甲醛地板只能选择实木地板，其他地板如实木复合地板、强化复合地板等只要是用胶黏合的都不可避免含有甲醛成分。

Q260 如何买到环保的木地板?

只需要做到两点，首先是正规渠道购买，基本都能达到环保标准。其次就是不要过量使用，有甲醛和甲醛危害是两回事，甲醛只有在超标时才会危害健康，所以要注意除实木地板外其他地板的用量。

Q261 木地板是不是越厚越保温?

木地板的厚度是决定其脚感是否舒适的因素，但是如果地板厚度太厚，就不利于热量通过地板传导至板面上来，而都消耗在传导过程中了。由于厚度太厚，地板上下温差很大，势必导致地板变形很大，“热胀冷缩”“湿胀干缩”都会引起地板翘、扭、弯、裂的问题，尺寸稳定性得不到保证。

Q262 进口地板与国产地板的常用尺寸分别是多少?

一般进口地板尺寸都在 1285 ~ 1380 毫米，而国产地板的密度板基材都是 1220 毫米 ×2440 毫米，所以决定了它的长度只能是 1220 毫米，厚度为 8.3 毫米，且背面光滑。当然，国内厂家也能生产长尺寸，但为数不多，且成本偏高。

Q263 买地板的时候常听到的“抽条”是什么意思?

买地板时，因为数量通常较大，买家不可能对每箱地板都开箱查看，有的黑心商家会偷偷从包装箱中抽去一两块地板，因此当工人在铺装现场打开包装后就会出现地板数量不足的情况。若买家不仔细清点地板数量的话就只好再花钱补足缺少的地板，这样商家就多赚钱了。

Q264 耐磨转数高的地板就一定好吗?

耐磨转数是衡量地板质量的重要标志，但不是说转数越高，强化复合地板的质量就越好。一般家用地板表面初始耐磨值在 6000 转左右就能满足日常生活的需求了，太高了没有实际意义。而像办公室、商场、舞厅等地方，因为客流量较大，因此才需要耐磨转数较高的强化复合地板。

Q265 木地板会有木种的不同吗?

会的。木地板表皮一般为橡木，高端的有柚木和黑胡桃木。芯材和背板一般选用云杉木、松木等。

装·饰·板·材

Q266 什么板材省事又便宜?

多层板，又叫三夹板和三合板，层数不同叫法不同。根据厚度不同（3 ~ 9 厘米），也可以叫 3 ~ 9 厘板。现在家装中使用的主要是饰面三夹板，饰面三夹板使用方便，价格也比自己买饰面板让施工队贴来得便宜。

Q267 什么板材最不易变形?

集成板材最不易变形。这是一种新兴的实木材料，采用优质进口大径原木，深加工成像手指一样交错拼接的木板。

Q268 进口板材真的好吗?

不一定。其实，木材的生长和本质特征只是跟它的生存环境有关，而且现在国内在一些板材的生产技术上，并不比国外厂商落后，甚至还强于一些国外厂商。更为重要的是，有些国家对于板材的标准认定也可能比国内的更低，但是一旦进口，很多人就几乎不加选择地认为其是优质货，从而花费了不少冤枉钱。

Q269 人造板材一定比天然板材差吗?

说起装修中的木质材料，大多数人都会认为天然的是最好的。天然的当然好，但价格也高昂。如果预算有限的话，不妨选择人造板材。随着科技和环保意识的增强，人造板材从质量和美观度上都不会输于实木，同时价格也要相对低很多。而且人造板材打破了木材原有的物理结构，“形变”要比实木小得多。

Q270 板材用在哪里时需要涂防腐漆?

如果是做厨卫、外飘窗的门套和窗套，则需要在木材背后涂防腐漆，防止水汽和潮气浸湿导致返潮鼓包。

Q271 怎么判断板材的好坏呢?

（1）“闻”。好板材选料好，也会使用环保胶水，即使大量堆放，也不会散发出刺鼻气味。如果板材送过来后，室内化学气味明显，那就要引起注意了。

（2）“锯”。把板材从横的地方锯开来看，合格板材断面层次清楚，不同层胶合好，黏结很牢，无分层。购买前可以要求商家提供小样，或者直接和商家要求当场随机选板切开看内芯。杂木拼接或有内芯不密实的板子就可拒绝购买，对自己货物有信心的商家会答应这样的合理要求。

（3）“测”。经过严格的干燥处理的板子含水率在 16% 之内。含水率过高的板材容易变形。现在有专门的仪器可以现场检测，是否合格，一测就出来了。部分有实力的商家会提供这样的现场验货服务。

Q272 板材的环保有什么标准吗?

在强制性标准《室内装饰装修材料人造板及其制品中甲醛释放限量》（GB 18580—2017）中提到甲醛释放限量值为 0.124mg/m^3，限量标识 E1。也就是说新国标只有一个级别，就是 E1。

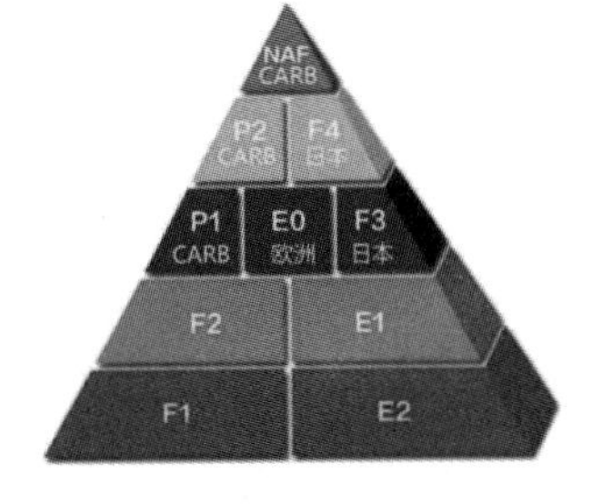

Q273 装修用免漆板好还是喷漆板好？

	免漆板	喷漆板
优点	光泽亮、可直接铺装、甲醛成分相对低	颜色多，容易打理，有一定补光作用
缺点	价格稍贵、难以修复、有缝隙，容易聚集脏东西	工艺水平要求高，价格居高，怕磕碰和划痕；用于油烟较多的厨房中易出现色差

Q274 符合新国标 E1 的板材一定就安全吗？

也不能排除甲醛的风险，因为有没有甲醛危害主要看板材的用量和甲醛释放量。比如两种板材的甲醛释放量为 0.012 mg/m^3 和 0.124 mg/m^3，两者都符合新国标 E1 要求，但是如果在室内大量使用后者，依旧有甲醛超标的风险。

Q275 商家给的检测报告，甲醛释放量为 1.0mg/L，能达到新国标 E1 吗？

不一定能达到。首先它与新国标 E1 的单位不同，一个是“mg/L”，一个是“mg/m^3”，“mg/L”属于旧国标体系，不能与新国标之间进行简单换算。

Q276 哪种类型的板材，甲醛释放量会比较低？

看板材所用胶水：脲醛胶水 > 酚醛、三聚氰胺 > MDI 胶

看板材类型：强化复合板 > 三层以上的实木复合板 > 三层实木复合板 > 纯实木（以上排序甲醛释放量由大到小）

Q277 细木工板可以用在哪里？

可用作各种家具、门窗套、暖气罩、窗帘盒、隔墙及基层骨架制作等。

Q278 细木工板 E2 级可以用吗？

细木工板根据其有害物质限量分为 E1 级和 E2 级两类（其有害物质主要是甲醛），家庭装修只能使用 E1 级的细木工板，E2 级的即使是合格产品，其甲醛含量也可能要超过 E1 级的三倍多。

Q279 细木工板该如何选购？

（1）细木工板出厂前，在每张板背面右下角都有加盖不褪色的油墨标记，标明产品的类别、等级、生产厂代号、检验员代号等，如果没有或者不清晰就要注意了。

（2）挑选表面平整，节疤、起皮少的板材；板面没有弯曲、鼓包等情况。

（3）用手轻轻平抚板面，如感觉到有毛刺扎手，则表明质量不高。

（4）用手抬起板材上下抖动，有拉伸、断裂的声音，则说明内部缝隙较大，空洞较多。

Q280 松木芯的大芯板现做的家具会变形吗？

变形概率比较小。大芯板里的松木芯已经经过了二次变形，虽然还会变形，但影响不大。

Q281 实木板材与实芯板材有何区别？

实木板材

是实实在在的木头，它的内外均是同一种材质（但不一定是一整块木头）

实芯板材

是以多层板或部分实木结合在一起的木制品，内外并非同一种材质

Q282 薄木贴面板该如何选购？

（1）观察贴面，贴面越厚的性能越好，油漆后纹理越清晰越好。

（2）表面光洁，无明显瑕疵；应无透胶现象和板面污染现象。

（3）无开胶现象，胶层结构稳定。

（4）应购买有明确厂名、厂址、商标的产品，并向商家索取检测报告和质量检验合格证等文件。

Q283 人造薄木贴面、天然木质单板贴面有什么区别？

人造薄木贴面的价格会相对低些，并且纹理基本为通直纹理或纹理图案有规则；天然木质单板贴面为天然木质花纹，纹理图案自然，变异性比较大，无规则。

Q284 选购纤维板要注意什么?

（1）厚度均匀，板面平整、光滑，没有污渍。四周板面细密、结实、不起毛边。

（2）敲击板面，声音清脆悦耳的纤维板质量较好。声音发闷，可能发生了散胶问题。

（3）用钉子在板上钉几下，如果握钉力不好，在使用中易出现结构松脱等现象。

（4）拿一块纤维板的样板，通过用力掰来检验纤维板的承载受力和抵抗受力变形的能力。

Q285 刨花板该如何选购?

（1）注意厚度是否均匀，板面是否平整、光滑，有无污渍、水渍、胶渍等。

（2）刨花板中不允许有断痕，透裂，胶斑、石蜡斑、油污斑等污染点，边角残损等缺陷。

Q286 防火板该如何选购?

劣质防火板一般具有以下几种特征：色泽不均匀、易碎裂爆口、花色简单。另外，它的耐热、耐酸碱、耐磨程度也相应较差。

Q287 选购石膏板时如何进行外观检查?

外观检查时，应在0.5米远处且光照明亮的条件下，对板材正面进行目测检查。先看表面，表面应平整光滑，不能有气孔、污痕、裂纹、缺角、色彩不均和图案不完整现象；纸面石膏板上、下两层牛皮纸需结实，可预防开裂且打螺钉时不至于将石膏板打裂。再看侧面，看石膏质地是否密实，有没有空鼓现象，越密实的石膏板越耐用。

Q288 选购石膏板时如何鉴别空鼓?

敲击石膏板时发出很实的声音，说明石膏板严实耐用；如发出很空的声音，说明板内有空鼓现象。

Q289 石膏线对表面光洁度有要求吗?

由于安装石膏线后，在刷漆时不能再进行打磨等处理，因此对表面光洁度的要求较高。只有表面细腻、手感光滑的石膏线在安装刷漆后，才会有好的装饰效果。

Q290 石膏线太薄有问题吗?

石膏属于气密性胶凝材料，因此石膏线必须具有相应厚度，才能保证其分子间的亲和力达到最佳程度，从而保证一定的使用年限和在使用期内的完整、安全。如果石膏线过薄，不仅使用年限短，而且容易造成安全隐患。

Q291 多厚的铝扣板适合装修呢?

家庭装修用的铝扣板 0.6 毫米厚就足够用了，因为家装用铝扣板长度很少有 4 米以上的，而且家装吊顶上没有什么重物。一般只有在工程上用的铝扣板才较长，为了防止变形，所以要用厚一点（0.8 毫米以上）、硬度大一些的。

Q292 铝扣板厚就是好吗?

不一定。铝扣板的质量好坏不全在于薄厚，而在于铝材的质地。有些杂牌子用的是易拉罐的铝材，因为铝材不好，板子没有办法很均匀地拉薄，只能做得厚一些。

Q293 怎么区别覆膜铝扣板和滚涂铝扣板呢?

覆膜铝扣板和滚涂铝扣板从表面看上去不好区别，而价格上却有很大的差别。可用打火机将板面熏黑，覆膜铝扣板容易将黑渍擦去，而滚涂铝扣板无论怎么擦都会留下痕迹。

Q294 喷涂、滚涂、覆膜的铝扣板在价格上有什么区别?

根据处理工艺的不同，目前市场上的铝扣板主要是喷涂、滚涂、覆膜三种。最便宜的是喷漆的，中档的是滚涂的，最贵的是覆膜的。覆膜的比较漂亮一些，有各种风格的图案，但价格较高；喷漆的多是亚光，不够亮，但是经济实惠。

Q295 如何选购铝扣板?

（1）敲打几下，声音脆的说明基材好，声音发闷说明杂质较多。

（2）拿一块样品反复掰折，好的铝扣板漆面只有裂纹、不会有大块油漆脱落。

（3）铝扣板的龙骨材料一般为镀锌钢板，看它的平整度以及加工的光滑程度；龙骨的精度，误差范围越小，精度越高，质量越好。

Q296 PVC 扣板该如何选购?

（1）外表要美观、平整，色彩图案要与装饰部位相协调。无裂缝、无磕碰、能装拆自如，表面有光泽、无划痕。

（2）测试韧性。折弯不变形，富有弹性，敲击表面声音清脆，说明韧性强。

（3）索要质检报告和产品检测合格证等证明材料。产品的性能指标应满足热收缩率 < 0.3%、氧指数 > 35%、软化温度 80 摄氏度以上、燃点 300 摄氏度以上、吸水率 < 15%、吸湿率 > 4%。

Q297 PVC 扣板与铝扣板吊顶材料相比较有什么特点?

PVC 扣板

由于其耐高温性能不佳，用于厨房、浴室等较热的环境中容易变形

铝扣板

可防火、防潮、防静电，吸音隔音，且美观实用。但价格比较贵

Q298 铝塑板该如何选购?

（1）看其厚度是否达到要求，必要时可使用游标卡尺测量一下。还应准备一块磁铁，用来检验所选的板材是铁还是铝。

（2）看铝塑板的表面是否平整光滑、无波纹、无鼓泡、无疵点、无划痕。

（3）拿两块铝塑板样板相互划擦几下，看是否掉漆。表面喷漆质量好的铝塑板是采用热压喷涂工艺，漆膜颜色均匀，附着力强，划擦后不易脱漆。

Q299 哪种吊顶材料吸音效果最好?

矿棉板以矿物纤维为原料制成，最大的特点是具有很好的吸声效果。其表面有滚花和浮雕等效果，图案有满天星、十字花、中心花、核桃纹等。矿棉板能隔音、隔热、防火，高档一点的产品还不含石棉，对人体无害，并有防下陷功能。价位也较适中，每平方米在 20 ~ 50 元。

Q300 实木板材也会有甲醛吗?

首先要搞清楚，甲醛的来源主要有两个：木材和胶水。实木板本身没有甲醛，因为它是由完整的木材（原木）制成的板材，但如果在实木板的侧板顶、底、隔板等地方使用其他人造板材，势必会产生甲醛污染的问题。

市场上板材很多，做柜子用哪种好呢?

柜子的材料可用中密度板、大芯板、指接板、防潮板等。如果对环保性要求高，可用三聚氰胺面层的防潮板，但价格较贵。如果讲求经济实惠，则可用中密度板。柜子的门片可用中密度板，但中密度板不要用作柜体的隔板，容易发生弯曲；建议用大芯板作为隔板。此外，刨花板强度低，多用于装饰造型的垫层，而饰面板则适用于家具表面的装饰。

Q302 如何判断橱柜板材会不会受潮发霉?

（1）橱柜所使用的板材是否符合国家规定的吸水膨胀率标准（小于 8%）。

（2）大致看一下封边工艺，封边是否平整、是否有溢胶、是否脱落等。

Q303 卫生间里想用木材装饰，哪种好?

如果卫生间装饰的主要材质是木质的，最好选用橡木，因为橡木属热带雨林植物，木质坚硬致密，市面上的高档浴室柜多数使用橡木，橡木再经防水、打磨处理，可长期泡在水里不渗水，所以放在卫生间就更不用担心。

装·饰·石·材

Q304 石材选购有哪些误区?

（1）石材工程重材质而轻技法。一些买家和施工人员对石材的色泽、质地重视有加，但对石材色系的搭配、施工的技术含量却普遍重视不够，片面强调了材料本身的“质量为王”，结果导致由于技法欠佳而影响装饰效果。

（2）石材工程不能只重装修的初期投入，而忽视使用过程中的养护。“三分质地，七分养护”是装饰石材的“铁律”，但在实际应用中，人们往往只看中材料的质地、环保等属性，买材料时舍得花钱，在使用过程中却缺乏定期养护，这会大大影响石材外观美丽、内质优良的持续性。

Q305 怎么辨别环保石材?

（1）A 类产品可在任何场合中使用，包括写字楼和家庭居室。

（2）B 类产品放射性程度高于 A 类，不可用于居室的内饰面，可用于其他一切建筑物的内、外饰面。

（3）C 类产品放射性程度高于 A、B 两类，只可用于建筑物的外饰面。

（4）超过 C 类标准控制值的天然石材，只可用于海堤、桥墩及碑石等其他用途。

Q306 石材的放射性会不会对人的健康造成危害?

从国家质量技术监督部门对各地石材的抽测结果看，花岗岩放射性较高，超标的种类较多，而大理石的放射性检验结果基本合格。花岗岩中的镭放射后产生的气体——氡，若长期被人体吸收、积存，会在体内形成内辐射，使肺癌的发病率提高。因此，花岗岩不宜在室内大量使用，尤其不要在卧室、儿童房中使用。

Q307 深色的大理石放射性强还是浅色的强?

放射性与大理石颜色的深浅关系不大，而与其矿产形成的周边环境地质条件有关，至于常说的黑色的大理石比白色的大理石环保，这并不绝对。

Q308 大理石质量的简单辨别方法有哪些?

在石材的背面滴一滴墨水，如墨水很快四处分散浸入，说明石材质量较差；若墨水不发生渗透，则说明石材质量不错。如果石材背面的水呈水珠状，则说明其涂刷过防护剂，很难吸水，还可能导致其与水泥无法贴合。

Q309 大理石复合板和通体石材比有什么优点?

（1）强度高，不反碱。通体石材易碎，复合板整体强度高于通体石材。

（2）重量轻，易施工。复合板较轻，可直接用瓷砖的施工方法，能够大幅降低破碎率及安装成本。

（3）节省成本，降低价格。使用复合板可减少石材的开采，有利于保护大自然。由于单位重量较轻使各项运输、搬运成本减少，综合起来，大大低于同品种通体石材的价格。

Q310 天然石和人造石哪个辐射大?

人造石主要是利用天然石的粉末，与水泥、石膏和不饱和聚酯树脂拌和在一起，然后再加工成型的。因此，人造石比天然石的辐射小。不过，辐射虽然小了，但是原料质量与加工合成必然会导致有害污染物的增加，而且硬度也比天然石低一些。

Q311 人造石不耐高温，那多高温度会出现变形呢?

在 400 摄氏度左右。人造石材料无毛细孔，无明显拼缝，杜绝了耐火板台面可能因渗水造成的起鼓变形。人造石作为高分子材料，它的优势应建立在科学配方、严谨操作的基础上，只有通过抗冲击、抗折强度、巴氏硬度、耐高温、耐腐蚀等每项指标的检测，才能满足国内厨房高温、高湿、多油腻的环境要求。

Q312 厨房地面可以用天然石铺吗?

不适合。因为天然石不防水，长时间有水点溅落在地上会加深石材的颜色。如果大面积打湿，会比较滑。

Q313 如何选购人造大理石?

（1）用眼睛看：在建材商城选购时，一般质量好的人造石，它的表面颜色比较自然，板材背面不会出现细小的气孔。

（2）用鼻子闻：劣质的人造石会有很明显的刺鼻的化学气味，而优质的则不会。

（3）用手摸：优质的人造石表面会有很明显的丝绸感，而且表面非常平整，而劣质的则不然。

（4）用指甲划：优质的人造石，用指甲划，不会有明显的划痕。

（5）相互敲击：可以选择有线条的两块大理石，然后进行相互敲击，如果很容易就碎了，那么就是劣质的，如果不会，证明质量较好。

Q314 怎么挑石英石呢?

（1）看价格。好的石英石价格一般在 800 元 / 平方米以上，最便宜的也在 350 元 / 平方米左右。但不是 800 元 / 平方米以上的都是好石英石，所以需要货比三家，打价格战的商家可能会用劣质花岗石冒充石英石。

（2）用坚硬物体划并观察划痕。石英石的主要成分是二氧化硅，在大自然中硬度相当于钻石，质量好的石英石用钥匙或者小刀刮后只会出现细微划痕，擦洗之后并不明显，而较差的石英石含钙粉等劣质材料，如果用钥匙刮后会有白色粉末并且有明显划痕。

（3）把酱油或红酒倒上去测试渗透性。酱油是最好的测验材料，将其倒在石材表面，几个小时后观察下，好的石英石密度极高，有色物体不容易渗透，擦掉之后不留痕迹。劣质石英石容易渗透，并且难以恢复。

（4）用火烤。石英石具有耐高温属性，用打火机对其烧一会儿之后，能用水擦洗干净的一般为优质石英石，反之为劣质石英石。

Q315 文化石的优缺点是什么？

（1）优点。与天然石相比，文化石的优点是质轻、价格低，且花色比较均匀。

（2）缺点。文化石是人造产品，会吸水吃色，不及天然石自然。除此之外，因为其多为片状，因此比较脆，不够坚固，破裂后会露出里面的材料，影响美观。若文化石用在地上或者室外，每两年宜涂刷一层保护剂，以保持装饰效果的长久，延长建材的使用寿命。

Q316 文化石应该怎么挑呢？

（1）查检测报告。首先检查文化石产品有无质量体系认证、防伪标志、质检报告等。

（2）检测硬度。用指甲划板材表面，应无明显划痕。

（3）看外观。目视产品颜色自然，表面无类似塑料胶质感，板材正面应无气孔。

（4）看手感。手摸样品表面无涩感、有丝绸感、无明显高低不平感、界面光洁。

（5）闻气味。鼻闻无刺鼻的化学气味。

Q317 白锈石和锈石石材是同一种吗？

不是。锈石石材，又称人造石透光板，是一种新型的复合材料，因其具有无毒性、无放射性、阻燃性、不粘油、不渗污、抗菌防霉、耐磨、耐冲击、易保养、拼接无缝、任意造型等优点，正逐步成为装修建材市场中的新宠。

Q318 人造石台面应该怎么挑比较好？

（1）看外观。看样品颜色，自然不浑浊，通透性好，表面无类似塑料胶质感，板材反面无细小气孔。

（2）看性能。通常纯亚克力的人造石性能更佳，纯亚克力人造石在 120 摄氏度左右可以热弯变形而不会破裂。

（3）闻气味。鼻闻无刺鼻化学气味，亚克力含量越高的台面越没有味道。

（4）用手摸。手摸样品表面有丝绸感，无涩感，无明显高低不平感。

（5）看检测报告。检查产品有无 ISO 质量体系认证、环境管理体系认证、质检报告，有无产品质保卡及相关防伪标志。

Q319 窗户装修一般选用哪种石材？

窗台用大理石的比较多，也有用人造石的。用大理石可以选用浅色系的，如果用人造石，一定要用质量好的，否则时间长了容易变形。

购买岩板要注意什么?

（1）问清楚岩板的原料。原材料供应商不同、油墨原料不同、花色配比不同，做出来的成品岩板质量也有高下。

（2）问清楚岩板的压机。岩板压机一般最低 1 万吨，比较常见的是 1.5 万吨，高端岩板压机能达到 3 万吨。

（3）直接看岩板品牌。因为岩板大品牌都只生产板子、给下游加工商家大批量出货，自己不做岩板台面、岩板餐桌、岩板家具这些成品，所以不用看下游商家是谁，主要看商家用什么牌子的岩板。

Q321 岩板就是陶瓷大板吗?

不是。很多人把岩板和陶瓷大板混淆，也确实有些品牌用陶瓷大板“冒充”岩板。但两者从本质上有很大的差别。陶瓷大板的原料是瓷土，表面还需要上釉，一旦釉面被破坏，就是一块吸水沾污的板子。并且陶瓷大板本身比较脆，用力砸还会碎。而岩板的原料是石材，一体压制，不存在釉面、基体的区别，哪怕削去一层，也还是表面花纹的样子。

陶·瓷·墙·地·砖

Q322 购买瓷砖时需要注意什么呢?

（1）问清计价单位是“片”还是“平方米”。

（2）厨卫地砖是否防滑，亮面瓷砖也有防滑款，遇水反而摩擦力变大。

（3）不要为了追求设计感跟风用小尺寸或异形瓷砖，人工费会比瓷砖更贵。

Q323 无缝瓷砖的质量就好吗?

现在一些关于无缝瓷砖的炒作是需要注意的。瓷砖多数用于一个相对封闭的空间中，以墙面为例，一般左右及下面部分一定是有固定墙和地面封闭的，如果瓷砖在施工中做无缝处理，那么受热膨胀时，就没有地方可以伸展。很明显，无缝瓷砖要实现的一个前提是瓷砖的热胀冷缩率为零。但是，这个可能性是零。瓷砖不可能热胀冷缩推倒墙面，后果只能是瓷砖拱起。

Q324 人造地砖和天然地砖比有什么不同吗?

人造地砖	天然地砖
用泥土烧制后上陶瓷釉，只要是一批出来的就没有色差；价格较低，经检验无放射性物质超标才能用	是成石开采切割成型，有色差，如不检验，放射性物质可能会超标。天然地砖的色彩更为美观

Q325 瓷砖吸水率越低质量就越好吗?

不同瓷砖之间最大的区别在于密度，密度越大的瓷砖，吸水率越低，瓷砖就越重，工艺难度和材料成本都越高。但这并不代表吸水率高、密度低的瓷砖质量就差。

Q326 瓷砖的吸水率与抗污强度有关系吗?

不可一概而论。对于釉面砖而言，主要是胚底吸水，表面的釉层是不吸水的，釉面砖的防污性能好是其突出的优点；对于玻化砖而言，当然是吸水率越小，抗污性能越好。

Q327 瓷砖亮面就是代表易滑吗?

不一定。因为现在有些亮面瓷砖经过防滑处理，摩擦力较强。

Q328 怎么挑到好的全瓷地砖?

（1）看断面。断面没有明显分两层的就是全瓷地砖。

（2）比较重量。重一些的就是全瓷地砖。

（3）听声音。声音清脆的是全瓷地砖。

（4）试水法。由于全瓷地砖吸水率低，因此可以把地板砖反过来，在背面滴上水，渗水慢的就是全瓷地砖。

Q329 全瓷地砖一定比半瓷地砖好吗?

不一定。全瓷地砖在抗污、硬度、线条、方正等方面都优于半瓷地砖，但不足的是花色没有半瓷地砖丰富；此外，全瓷地砖规格一般只有 600 毫米 ×600 毫米或 800 毫米 ×800 毫米两种成品尺寸。但是，全瓷地砖不用泡水就能铺贴，而半瓷地砖需要泡水才能使用。

Q330 怎么检查瓷砖的平整度?

瓷砖平整度关乎铺贴效果，因此可用手摸或将两块瓷砖表面贴在一起检查，摸上去很平整或很难转动则说明平整度很好。也可以利用水平尺进行测量。

▲水平尺测量

Q331 不同类型的瓷砖价格有什么差别?

（1）一般深色彩釉瓷砖的价格略高于浅色彩釉瓷砖。

（2）进口的彩釉瓷砖价格比国产的高，每平方米价格在 100 ~ 200 元。

（3）国内知名品牌的高档瓷砖每平方米价格在 70 ~ 250 元；中档瓷砖的价格在 50 ~ 150 元 / 平方米；低档瓷砖价格在 20 ~ 50 元 / 平方米。

Q332 选择什么规格的瓷砖更好?

建议小于 40 平方米的空间选择 600 毫米规格的瓷砖；而大于 40 平方米的空间则可以选择 800 毫米或 1 米的瓷砖。值得注意的是，如果在房间中家具过多（如卧室），盖住大块地面时，最好也采用 600 毫米的瓷砖来铺贴地面。

▲较小的瓷砖让小空间看起来不会很拥挤

Q333 墙砖和地砖的区别是什么?

墙砖和地砖的最大区别在于吸水率不同。地砖吸水率在 0.5% 左右，但耐磨性好、硬度高，背面比较平坦，所以不易上墙；墙砖吸水率在 10% 左右，抗污性强、非常轻薄，背面相对粗糙，更容易上墙。

Q334 适合上墙的瓷砖有哪些?

首先是大板砖，因为规格比较大，所以被称为大板；其次是仿古砖、木纹砖、大理石瓷砖和花砖。

Q335 怎么判断买的釉面砖能不能用在地面上?

看包装上釉面砖的表面耐磨等级。0 级不适合铺贴地面；1 级适用于柔软的鞋袜或光脚使用的地面（卫生间、卧室）；2 级适用于柔软的鞋袜或普通鞋袜使用的地面（书房等）；3 级适用于平常的鞋袜，能经受少量划痕灰尘的地面（客厅、走廊、阳台、厨房）；4 级适用于能经受划痕灰尘、行人来往频繁的地面；5 级适用于行人来往非常频繁并能经受划痕灰尘的地面。

Q336 釉面砖该如何选购?

（1）观察其表面有无开裂和釉裂。如果侧面有裂纹，且占釉面砖本身厚度一半或一半以上的时候，那么此砖就不宜使用了。

（2）敲击砖的各个位置，如声音一致，则说明内部没有空鼓、夹层；如果声音有差异，则可认定此砖为不合格产品。

（3）有正式厂名、商标及检测报告等。

Q337 釉层厚代表无菌吗?

陶瓷上用多少釉料是厂家根据自己的需要来选择的。为了使产品表面光滑，厂家会根据需要多上几层釉料，以达到产品表面更加光洁的效果。而实际上，多少层釉料并不重要，只要产品表面的光洁度达到国家标准就算是合格产品。目前，某些产品由于在釉料里添加了抗菌剂，有自洁和抗菌的功能，但其抗菌效果的持续时间却难以测定，而且也不会一劳永逸。

Q338 全抛釉砖耐磨吗?

全抛釉烧成的瓷砖透明釉面比较厚，更不容易磨损。

Q339 抛光砖越亮越好吗?

是的。抛光砖的镜面效果越强烈、越光亮，硬度越高，玻化程度越高，烧结度越好，而吸水率就越低。

Q340 怎么选到质量好的抛光砖?

（1）表面光泽亮丽，无划痕、色斑、漏抛、漏磨、缺边、缺脚等缺陷。

（2）敲击后发出的声音清脆，则瓷化程度高、耐磨性强、抗折强度高、吸水率低、不易受污染。

（3）将少量墨汁或带颜色的水溶液倒于砖面，静置两分钟，冲洗后看残留痕迹。如只有少许残留痕迹，则说明质量较好。

Q341 亚光砖和抛光砖哪个装修效果好?

喜欢明亮感觉的最好选择抛光砖，想要复古氛围可以考虑亚光砖。

Q342 玻化砖该如何选购?

在选购玻化砖时，应注意玻化砖虽然表面性状相差不大，但内在品质却差距较大。因此，选择口碑好的品牌显得尤为重要。

Q343 “微晶玉”“微晶石”“微晶钻”有什么区别?

没有区别。它们描述的都是同一种东西——玻化砖，这些名字只是厂商为了区分产品的档次，进一步细化市场而使用的代号罢了。

Q344 仿古砖真的防滑吗?

仿古砖光洁度高，砖面平整度好，能够与鞋底充分接触，从而增大砖面与鞋底之间的摩擦力，达到防滑的效果。

Q345 都说仿古砖防滑，会不会不好清理?

其实仿古砖表面的釉面层都是经过特殊处理的，基本上达到了耐磨、防滑、不吸脏、易清洁的效果。

Q346 仿古砖与抛光砖比哪个好?

仿古砖	抛光砖
外观没有多大差别，尺寸相对较小	品种、花色较多，尺寸较大
硬度≤6级	光泽度高，表面硬度高达7级
极似天然石，质地感、立体感强	只有平面效果
不可以任意切割、磨边、倒角等	可以任意加工成各种配件
防污能力好	防污能力较差

Q347 马赛克砖该如何选购?

（1）在自然光线下，目测无裂纹、疵点及缺边、缺角现象的质量较好。

（2）马赛克砖的背面应有锯齿状或阶梯状沟纹。

（3）把水滴到马赛克砖的背面，水滴往外溢的质量好，往下渗透的质量差。

Q348 马赛克砖的尺寸有哪些?

基本款式为（2.5×2.5）厘米、（5×5）厘米，甚至还有（30×30）厘米的大型马赛克砖。但从表面上看，大型马赛克砖以一组（2.5×2.5）厘米的正方形小马赛克砖组成，砖面较大，大面积铺设起来也会更加容易。但总的说来，马赛克砖面积越小越昂贵。

Q349 能不能用马赛克砖取代腰线?

可以。形式小巧、丰富的马赛克砖很适合用来做瓷砖跳色的处理，尤其是取代腰线，用于点缀卫生间的墙面，不仅可以提升空间的整体视觉效果，而且便宜不少。

Q350 卫浴和厨房分别贴什么瓷砖比较好?

（1）厨卫地面砖最好选择通体砖，因为通体砖的表面没有上釉，是最具有防滑性和耐磨性的。

（2）厨卫墙面砖最好选择釉面砖，因为这种砖强度很高，还能防止细菌的生长。

Q351 厨房用玻化砖会不会容易滑倒?

玻化砖的特性就是有水会吸住脚底，不会滑。

Q352 瓷砖铺完想填缝，是买瓷砖填缝剂好还是买环氧彩砂好?

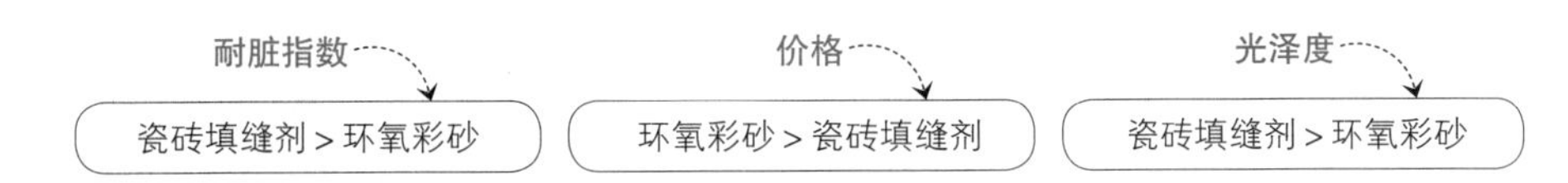

Q353 怎么知道买的瓷砖填缝剂合不合格?

（1）看遮盖力。质量好的瓷砖填缝剂在凝固后表面是丰满平整的，不会出现凹陷、收缩等情况。

（2）看硬度与韧性。质量好的瓷砖填缝剂在固化后硬度高，自洁性强，耐擦洗；在硬的同时好的瓷砖填缝剂也拥有着不错的韧性，韧性越好，出现裂缝的概率越小。

（3）看色泽。质量好的瓷砖填缝剂干了之后光泽度好，比较光滑；质量差的瓷砖填缝剂光泽度低，不利于保洁和突出瓷砖填缝剂的效果。

墙·纸·涂·料

Q354 墙纸的材料哪一种比较好?

墙纸最大的问题就是环保问题。现在市面上的墙纸，按照材质可分为三种：PVC、纸质、无纺布。在这之中，无纺布相对来说比较环保一些，而 PVC 是最不环保的。但是无论选用哪种墙纸，最终都要刷基膜，还需要使用胶。不管是怎样的胶，即便是糯米胶，也会带来一定的环保问题。所以在选择墙纸前一定要确定好这一问题。同时，如果一定要选择墙纸的话，最好选择无纺布。

Q355 墙纸可以经常更换吗?

可以。墙纸的最大特点就是可以随时换新，经常不断改变居住空间的气氛，常有新鲜感。

Q356 墙纸和壁布哪个更好呢?

壁布的价位比墙纸高，具有隔音、吸音和调节室内湿度等功能。

Q357 无纺布墙纸如何选购?

颜色越均匀、图案越清晰越好；布纹密度越高，说明质量越好；手感柔软细腻说明密度较高；试着用抹布擦一下墙纸，能够轻易去除脏污痕迹的质量较好。

Q358 PVC 自粘墙纸有毒吗?

PVC 自粘墙纸虽然比起无纺布墙纸环保性要略差一些，但只要是正规合格的产品，其实是没有什么影响的。而且 PVC 自粘墙纸不需要另外刷胶，因此在施工过程中，环保性还不错。

Q359 儿童房最好使用什么材质的墙纸?

应尽量使用胶面纸底或是胶面布底的墙纸，因为这两类墙纸可用水擦拭，较易清理，并且也较耐刮。

Q360 墙纸容易脱落是质量问题吗?

容易脱落一般不是墙纸本身的问题，而是粘贴工艺和胶水质量的问题。

Q361 现在贴墙纸用的糯米胶真的环保吗?

糯米胶不存在完全“零甲醛”或真的“可食用”，因为原料可食用不等于产品可食用，为了防止淀粉变质发霉，厂家会将淀粉进行改性或添加其他化学助剂，以保证糯米胶的实用性能。加了化学助剂就不能再算是“纯天然”，所以糯米胶并非完全“零甲醛”，其存在挥发性有害物质，不属于“可食用”范围。

Q362 如何选购防水漆?

真正的环保防水漆应有国家认可的检测中心所检测核发的检测报告、产品检测报告和产品合格证。在选购防水漆时，还可以留意产品包装上所注明的产地。进口品牌产品的包装上，产地一栏会详细地注明由某某公司生产；而假冒产品则一般只注有出口地，没有涉及生产公司。

Q363 为什么有些漆会有香味?

有香味的漆要慎买。有香味的漆选择不当的危害在于，其含有苯等挥发性有机化合物以及重金属。市场上有部分伪劣的“净化”产品，通过添加大量香精去除异味，实际上起不到消除有害物质的作用。

Q364 乳胶漆该如何选购?

（1）真正环保的乳胶漆应是水性、无毒无味的，如果闻到刺激性气味就应慎重选择。

（2）放一段时间后，正品乳胶漆的表面会形成厚厚的、有弹性的氧化膜，不易裂。

（3）用木棍将乳胶漆拌匀，再用木棍挑起来，优质乳胶漆往下流时会成扇面形。

（4）可将少许乳胶漆刷到水泥墙上，晾干后用湿抹布擦洗，高品质的乳胶漆耐擦洗性很强。

Q365 刷完乳胶漆多久可以入住?

乳胶漆无毒无害、不污染环境、不引火、使用后墙面不易吸附灰尘。如果单就乳胶漆而言，待漆面干燥后就可以入住使用，因此对于入住基本上没有时间上的影响。

Q366 进口乳胶漆与国产乳胶漆有什么不同?

目前，市面上的进口乳胶漆属高档、高价位漆。它只是在流平性、细度、配色和开罐状态上稍优于国产乳胶漆，其他指标不相上下，但价格比国产乳胶漆高1~2 倍。

Q367 怎样根据涂刷的不同部位来选用乳胶漆?

卧室和客厅的墙面采用的乳胶漆要求附着力强，质感细腻，耐分化性和透气性好;厨房、卫生间的乳胶漆应具有防水、防霉、易洗刷的性能。卧室选用一般乳胶漆即可，但厨房、卫浴和阳台顶面等易受潮的部位，应选择更耐擦洗的防水漆。

Q368 环保墙面漆如何选购?

（1）正规商家生产的所有产品首先应该具备正规的国家检测报告。

（2）优质的环保墙面漆应气味清淡芳香，无发臭或刺激性气味。

（3）优质的墙面漆样板可以用湿抹布在样板上反复擦洗，涂层一般不会轻易被破坏。

Q369 如何选购硅藻泥?

（1）看密度。硅藻泥越轻越好，掺有大量石材，密度很大，感觉很重，就说明硅藻土含量低。

（2）往硅藻泥上喷水。如果吸水越快越多，说明硅藻泥呼吸功能越好，而呼吸功能是硅藻泥的最基本功能。

（3）用湿抹布擦洗硅藻泥表面。好的硅藻泥，表面可以用湿抹布擦洗；而不好的硅藻泥，擦洗时，表面会出现粉末或掉色。

Q370 真石漆与石材相比，有哪些优势？

（1）自重很轻，危险程度大大降低。

（2）翻新容易，费用较低。

（3）喷涂随意，能造出各种石材不太容易实现的造型及符合任何基层状况的墙面。

Q371 墙绘能保持多长时间，如何打理？

墙绘能保持10多年不褪色，与墙面基本同寿命，除非是墙面本身的漆质量不好，才会导致掉皮。因为丙烯是与水混合直接溶到墙面上去的，直接用干毛巾或稍微湿一些的抹布清理即可。

Q372 怎么挑选艺术漆？

（1）看粒子度。将漆倒入清水中，质量好的多彩漆，杯中的水仍清晰见底；而质量差的多彩漆，杯中的水会立即变得浑浊。

（2）看水溶。艺术漆在经过一段时间的储存后，上面会有一层保护胶水溶液。质量好的漆，保护胶水溶液会呈无色或微黄色；而质量差的漆，保护胶水溶液呈浑浊状态。

（3）看漂浮物。质量好的漆，其保护胶水溶液的表面，通常是没有漂浮物的，而质量差的则相反。

Q373 油漆有保质期吗？

油漆的保质期基本上都为出厂之后12个月，也有部分知名品牌的聚酯漆保质期为出厂之后24个月。

Q374 有什么简单的方法检验买的油漆是否环保？

可以尝试把眼睛靠近开口处，眨几下眼睛，看是否有刺眼的感觉，如果有则说明有害物质偏多，反之则是安全、环保的。

Q375 装修是用水性漆好还是油性漆比较好？

水性漆是以水作为稀释剂的漆，而油性漆使用的是有机溶剂，有剧毒、有污染，还可以燃烧，所以水性漆比油性漆相对环保。

Q376 清油与清漆如何区别?

清油主要用于木制家具底漆，是家庭装修中对门窗、护墙裙、暖气罩、配套家具等进行装饰的基本漆类之一。清漆一般多用于木制家具、装饰造型、门窗、扶手表面的涂饰等。

Q377 外墙漆可以刷内墙吗?

外墙漆刷内墙，从环保角度讲没问题。外墙漆用于涂刷建筑外立面，最重要的一项指标是抗紫外线照射，要达到长时间照射不变色。而内墙漆用于室内墙面粉刷，对抗紫外线要求比起外墙漆就低得多。外墙漆能用于内墙涂刷使用是因为它也具有抗水性能，而内墙漆却不具备抗晒功能，所以不能用来涂刷外墙。

Q378 阳台上刷什么漆最好?

环氧树脂漆具有良好的耐水性、黏附性和耐化学腐蚀性，适用于住宅的阳台，但价格偏高。无机高分子漆具有良好的耐水性、耐候性、耐污染性，并具有表面硬度高、成膜温度低等优点，也适用于阳台。

Q379 有小孩在墙面上乱涂画，应该选用什么产品?

选用耐擦洗的油漆。清洗时可以用橡皮或洗洁精溶液擦洗。应该注意的是，污迹是否能被完全擦除，还和其所使用的笔的类型及涂画后停留的时间有关系。

▲选一面墙刷上耐擦洗的黑板漆，可以让孩子自由地涂鸦

装·饰·玻·璃

Q380 不同厚度的平板玻璃用在哪里?

3 ~ 4 毫米玻璃主要用于画框表面；5 ~ 6 毫米玻璃主要用于室内窗户、门扇、柜等小面积透光造型；7 ~ 9 毫米玻璃主要用于室内屏风等较大面积但又有框架保护的造型之中；9 ~ 10 毫米玻璃可用于室内大面积隔断、栏杆等装修项目。

Q381 挑平板玻璃最重要的是什么?

最影响平板玻璃质量的就是疙瘩。疙瘩是存在于玻璃中的固体夹杂物，它不仅破坏了玻璃制品的外观和光学均一性，而且会大大降低玻璃制品的机械强度和热稳定性，甚至会使玻璃制品自行碎裂。

Q382 平板玻璃该如何选购?

外表为无色透明的或稍带淡绿色；玻璃的薄厚应均匀，尺寸应规范；内部没有或少有气泡、结石和波筋、划痕等疵点。

Q383 钢化玻璃该如何选购?

（1）查看产品出厂合格证，注意 3C 标志和编号、出厂日期、规格、技术条件、企业名称等。

（2）戴上偏光太阳眼镜观看玻璃，钢化玻璃应该呈现出彩色条纹斑。

（3）在光的下侧看玻璃，钢化玻璃会有发蓝的斑。

Q384 中空玻璃就是双层玻璃吗?

双层玻璃不等于中空玻璃，真正的中空玻璃并非“中空”，而是要在玻璃夹层中间充入干燥空气或是惰性气体。

Q385 夹层玻璃会有易碎的风险吗?

夹层玻璃是一种安全玻璃，破碎时玻璃碎片也不会零落飞散，有效防止了碎片扎伤和穿透坠落事件的发生。其抗冲击强度优于普通平板玻璃，防范性好，并有耐光、耐热、耐湿、耐寒、隔音等特殊功能。多用于与室外连接的门窗。

Q386 夹丝玻璃就是防碎玻璃吗?

夹丝玻璃又称防碎玻璃，即使被打碎，其内部的线或网也能支住玻璃碎片，很难崩落和完全破碎。其还可遮挡住火焰；有防止从开口处扩散延烧的效果。

Q387 夹丝玻璃有什么缺点吗?

（1）在生产过程中，丝网受高温辐射容易氧化，玻璃表面有可能出现像“锈斑”一样的黄色污渍和气泡。

（2）金属丝沾水易生锈，锈蚀向内部延伸会将玻璃胀裂。

（3）切割不便。

Q388 喷砂玻璃应该怎么挑选?

（1）对比样品。喷砂的深度与样品相符合、图案的造型与样品或效果图相符合、肌理纹理与样品或效果图相符合。

（2）观察细节。选购时应注意玻璃表面细节的唯美性，不能有瑕疵，如气泡、夹杂物、裂纹等。从侧面看不能有任何弯曲或不平直的形态。

Q389 玻璃砖该如何选购?

空心玻璃砖的外观不允许有裂纹，玻璃坯体中不允许有不透明的未熔物，目测不应有波纹、气泡等杂质。

▲玻璃砖能起到阻挡视线但不妨碍采光的作用

Q390 长虹玻璃是选单层还是双层?

如果作为门使用，可任选单层或双层；如果加工成吊轨门，建议选择单层玻璃，可以延长使用寿命。

Q391 长虹玻璃的厚度怎么选?

市面上常见 5 毫米和 8 毫米。家具上小面积装饰选 5 毫米的，做隔断、门等大都用 8 毫米的。

Q392 卫生间想用玻璃做隔断，哪种比较适合?

如果是大面积地使用玻璃进行装饰，尽量选择如钢化玻璃、夹层玻璃等安全型材料，虽然在价格上相对贵一些，但安全性高。

▲如果想有点私密性，可以选择磨砂玻璃

Q393 哪种玻璃隔音效果好?

双层玻璃，更准确的说法是夹胶玻璃隔音好。其中间是 PVC 膜，除了防止玻璃在破碎时飞溅以外，还有很好的吸收声波的作用。其次是中空玻璃。

Q394 房子临街，噪声大，选哪种玻璃隔音效果好?

如果房子临街，离马路近，或者家附近有地铁、车站、医院、学校等比较嘈杂的场所，建议采用夹胶玻璃或中空玻璃。

门·窗·材·料

Q395 实木门该如何选购?

在选购实木门的时候要看门的厚度，一般木门的实木比例越高就越沉；还可以用手轻敲门面，若声音均匀沉闷，则说明该门质量较好。

Q396 实木复合门该如何选购?

注意查看门扇内的填充物是否饱满；门边刨修的木条与内框连接是否牢固；装饰面板与框黏结应牢固，无翘边、裂缝，板面应平整、洁净、无节疤、无虫眼、无裂纹及腐斑。

Q397 压模木门该如何选购?

注意其贴面板与框连接应牢固，无翘边、裂缝；门扇边刨修过的木条与内框连接应牢固；内框横、竖龙骨排列符合设计要求，安装合页处应有横向龙骨；板面平整、洁净，无节疤、虫眼、裂纹及腐斑，木纹要清晰，纹理要美观，且板面厚度不得低于 3 毫米。

Q398 如何选购防盗门?

（1）必须有法定检测机构出具的检测合格证，并有生产企业所在省级公安厅（局）安全技术防范部门发放的安全技术防范产品准产证。

（2）锁具合格的防盗门一般采用三方位锁具或五方位锁具，不仅门锁锁定，上下横杆都可插入锁定，对门加以固定。

（3）注意看有无开焊、未焊、漏焊等缺陷，看门扇与门框配合的所有接头是否密实，间隙是否均匀一致，开启是否灵活，油漆电镀是否均匀、牢固、光滑等。

（4）防盗门安全分为 A、B、C 三级。C 级防盗性能最高，B 级其次，A 级最低。市面上多为 A 级，普遍适用于一般家庭。

Q399 买门时销售员会说达到 A 级防盗门标准， A 级标准是指什么?

比如市场上的一些全钢质、平开全封闭式防盗门，在普通机械手工工具、便携式电动工具等的相互配合作用下，其最薄弱环节能够抵抗非正常开启的净时间大于等于 15 分钟，或不能切割出一个穿透门体的 615 平方厘米的洞口。这样的防盗门才是符合 A 级标准的。

Q400 卧室门应该怎么选呢?

（1）建议选择面板上有一定花纹装饰的门，有吸音功能，隔音效果好。

（2）安装时注意门缝的大小，缝越大隔音效果越差，选择T形口的门能够严丝合缝，隔音效果好。

（3）给门的四周都安装防撞条，能明显减小噪声。

（4）带静音门锁的开关声音小，不会吵醒家人。

Q401 如何选购玻璃推拉门?

（1）检查密封性。目前，市场上有些品牌的推拉门由于其底轮是外置式的，因此两扇门滑动时就要留出底轮的位置，这样会使门与门之间的缝隙非常大，密封性无法达到规定的标准。

（2）要看底轮质量。只有具备超大承重能力的底轮才能保证良好的滑动效果和较长的使用寿命。

Q402 为什么定做一个门要比买一个门贵很多?

从材料上来说，买的门用的衬板多是密度板或刨花板，而定做的门用的是大芯板或九厘板、五厘板等，所以从耐久性上说，定做的门结实一些，价格也相对贵一些。

Q403 内窗和外窗怎么选型材?

外窗推荐用断桥铝，内窗推荐塑钢、铝镁合金或普通铝合金。

Q404 塑钢门窗该如何选购?

（1）门窗表面应光滑平整，无开焊断裂，密封条应平整、无卷边、无脱槽、胶条无气味。

（2）门窗关闭时，扇与框之间无缝隙，门窗四扇均为一整体、无螺钉连接。

（3）安装好的玻璃不应直接接触型材，不能使用玻璃胶。开关部件关闭严密，开关灵活。

Q405 什么情况下门窗要用钢化玻璃?

楼层为7层以上；面积大于1.5平方米的窗玻璃或玻璃底边离装修完的地面小于500毫米的落地窗。

窗扇选择什么开启方式最好?

推荐内开内倒，防盗又通风，还能保证孩子爬不出去。

如何选购无框阳台窗?

（1）选优质型材。在购买时要选择高强度的铝合金型材。目前市场上采用较多的有锌铝合金、钛镁合金，其中，锌铝合金的强度更高些，而且不易生锈。

（2）注意副件细节。无框阳台窗的使用过程中如滑轮、铆钉等一些副件很关键。滑轮的材质要选择高强度尼龙，在选择时要检查滑轮边缘是否光滑，劣质的滑轮边缘毛边粗糙明显。铆钉要选择实心气压铆钉，而不要选择空心钢铆钉。密封条的材质一般有硅胶、PVC+ 硅胶，硅胶材质的密封条柔软，但有变色的可能；PVC+ 硅胶不易变色，但较硬，可能会开裂。

常·用·五·金·件

卫生间五金件选什么材质的最好?

（1）太空铝。太空铝材质的五金件很难做出好看的设计和款式，但能够挂一些比较重的物品，并且价格便宜，从实用角度来说还是很好的，如果对产品要求不高可以考虑。

（2）304 不锈钢。304 不锈钢很少用铸件来做造型，所以很多设计和曲线很难应用在挂件上，市面上的款式不多，市场定位处于中档定位，如果喜欢这种拉丝表面的挂件，可以考虑 304 不锈钢材质。

（3）表面电镀类。铜电镀产品不仅高档而且耐用。锌合金铸体容易生产，很多设计和曲线能在锌合金上体现，造型款式很好看，但是锌合金一般不单独做挂件，大部分时候锌合金只能做挂件的某个部位，跟其他材料结合才能做成一个完整的挂件。

Q409 水龙头该如何选购?

看其光亮程度，表面越光滑、越亮代表质量越好；在转动时，龙头与开关之间没有过大的间隙，而且开关轻松无阻，不打滑。

厨房水龙头选择哪种好?

选择不锈钢的材质；水嘴长能兼顾两边水槽；具有防钙化系统与防倒流系统。

Q411 即热式电热水龙头如何选购?

(1)要有 3C 认证。3C 是国家强制性认证，选购的时候需认准这个标准。

(2)要保证一过水就热，功率起码要有 2000 瓦，低于这个标准的产品十之八九是不靠谱的。

(3)选铜质弯管。铜质弯管的质量最好，铝管、铁管都不行。

Q412 水龙头阀芯有哪些?

常见的阀芯主要有三种：陶瓷阀芯、金属球阀芯和轴滚式阀芯。

陶瓷阀芯价格低，对水质污染较小，但质地较脆，容易破裂；金属球阀芯具有不受水质影响、可以准确控制水温、拥有节约能源的功效等优点；轴滚式阀芯的优点是手柄转动流畅、操作容易简便、手感舒适轻松、耐老化、耐磨损。

Q413 角阀如何选购?

(1)铜材质最佳，使用寿命长。现在不少角阀用的是锌合金，虽然便宜，但是容易断裂，引发跑水。

(2)选择手感柔和的角阀，寿命相对比较长。

(3)好的角阀表面光洁锃亮，用手摸顺滑无瑕疵。

Q414 角阀与球阀有什么区别?

球阀阀芯是球形，角阀是 90 度直角。球阀适用于对水量需求较大的设备，比如燃气热水器、壁挂炉；角阀适用于对水量要求不高的地方，比如马桶、水盆。

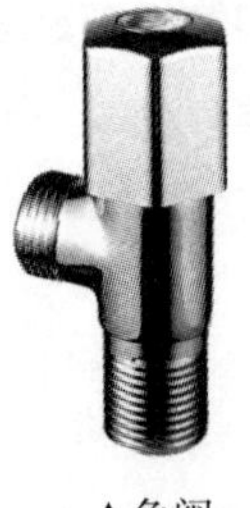

▲角阀

▲球阀

Q415 门锁该如何选购?

(1)注意家门边框的宽窄，球形锁和执手锁能安装的门边框不能小于 90 厘米。

（2）一般门锁适用门厚 35 ~ 45 毫米，但有些门锁可延长至 50 毫米。查看门锁的锁舌，伸出的长度不能过短。

Q416 怎么选购家装门窗滑轨?

现在市场上销售的轨道材质不一，滑轨多为合金质地，也有一部分滑轨由铜制成。合金质地的滑轨又分为普通型和加厚型，这是根据所适用的门或窗的质地而定的。如果门或窗的体积较小，重量又较轻，就可以选用小巧一些的轨道，如果门或窗的重量较沉，就要选择加厚型轨道，以确保安全耐用。

Q417 铰链应该怎么挑选?

因为每天要承受几十次的开合，还要承受门板的重量，铰链可以说是使命最重的五金。因此最好选择材质是冷轧钢的，一次冲压成型，表面光滑，镀层厚，不易生锈，结实耐用，承重能力强，这是薄铁皮焊制的劣等铰链所不能比的。铰链的开合角度要求是大于 90 度，避免开门时磕到人的肩膀；有些铰链的开合角度甚至可以超过 180 度。

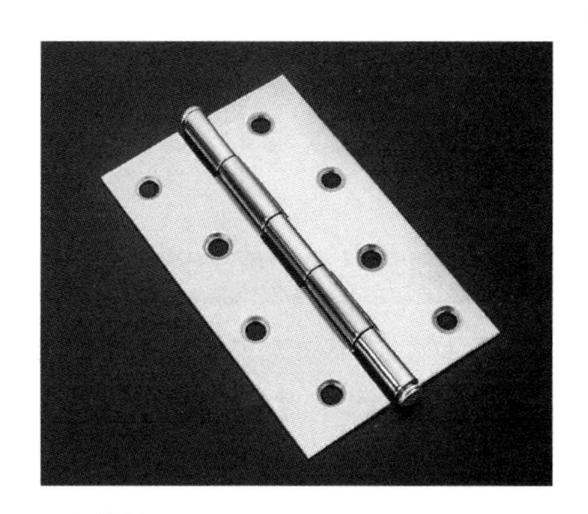

▲门铰链

Q418 拉手该如何选购?

首先看品相是否美观，因为拉手是家装中少数暴露在外的五金；其次看手感，摸一下重量和光滑度是否合适。

Q419 怎么选开关呢?

选购开关的关键就是开关反应利落，翘板不会停留在中间位置，这样才能保证开关触点的快速分离。

安全插座是如何实现“安全”的?

现在市场上出售的安全插座的孔内有挡片，可防止手指或者其他物品插入，用插头可以推开挡片插入。这样有效防止了使用中（特别是儿童）的触电危险。

插座的规格要怎么选?

市面上开关插座常见的有三种，分别是 86 型、118 型、120 型这三种规格，它们之间的区别如下。家中日常使用，比较推荐购买 86 型规格的开关插座，因为可以选择的款式比较多、占用空间也比较小，足以满足家庭的使用需求。

规格	尺寸	区别
86 型	86 毫米 ×86 毫米	国际标准规格，外观为正方形，和巴掌差不多大小，款式也最多
118 型	118 毫米 ×74 毫米； 155 毫米 ×72 毫米	一般是横装的长条开关，可以在边框里面卡入不同的功能模块，自由组合，以满足不同需求
120 型	120 毫米 ×74 毫米； 156 毫米 ×74 毫米； 200 毫米 ×74 毫米； 120 毫米 ×120 毫米	和 118 型一样，由边框和功能件组成，可以自由组合，不过是竖向安装，尺寸也比较大，日常使用比较少

想买好一点的插座去店里应该怎么看呢?

（1）看外壳材质。市面上主要有 PC 塑料、ABS 塑料、电玉粉三种，建议选择进口的 PC 塑料，其耐热性和阻燃性都比较好，而且不容易泛黄，比较安全耐用。

（2）问导体材料。现在市面上的插座一般都采用铜作为插座弹片，主要有黄铜、锡磷青铜、铍青铜三种。选择锡磷青铜的就行，因为它不仅具有较好的导热性能和较好的安全性，而且最主要的是价格比铍青铜低很多，性价比较高，可以有效满足一般家庭电器的使用。

第四章

装修施工

装修的所有设计和构想都要通过施工实现，但往往施工是我们最不熟悉和容易吃亏的环节。简单地了解施工中一些常见的操作和容易被“坑”的环节，不仅能让自己更放心，也能让施工质量提高，最重要的是能够防止增项导致预算超标。

水·路·施·工

Q423 水工和电工可以是同一个人吗?

一些公司的水工和电工都是同一个人，更有甚者，连瓦工都是同一个人，而且大部分工人既没有上岗证，也没有多高的专业水平。建议一定要请一个有专业水平和上岗证的水工、电工，而且最好分开施工。

Q424 工人在墙面剔槽时容易出现什么问题?

暗埋管线就必须在墙面和地面上开槽，才能将管线埋入。有时，工人在进行开槽操作时，不顾后果进行野蛮施工，不仅破坏建筑承重结构，还可能给附近的其他管线造成损坏。在施工之前，要和施工队长再次确认一下管线的走向和位置。针对不同的墙体结构，开槽的要求也不一样。

Q425 后期需要留存水电改造资料吗?

需要，这很重要。因为后期维修或是新增设备安装、改动墙体结构需要清楚地知道水电位置，以免造成二次损伤。

Q426 水电施工哪些墙不能开槽?

房屋内的承重墙是不允许开槽的；带有保温层的墙体在开槽之后，很容易在表面造成开裂；而在地面开槽，更要小心不能破坏楼板，给楼下的住户造成麻烦。

Q427 水电管线可以同槽吗?

绝对不可以。水电同槽在装修上是一种低级性错误，万一水管漏水，影响到线管里的电线，后果会很严重。

Q428 地面水电管线一定要横平竖直吗?

不一定。横平竖直看着很好，但直角弯过多根本抽不动线，地面点对点的改造，直角弯更少，也更节省材料。一般装修公司的水电改造都是按米计费，而在水电改造上加项加价也是装修公司的常规操作，所以宣传横平竖直对其有帮助。但是在铺地砖的情况下，点对点铺设可能会在维修的时候伤到电线。

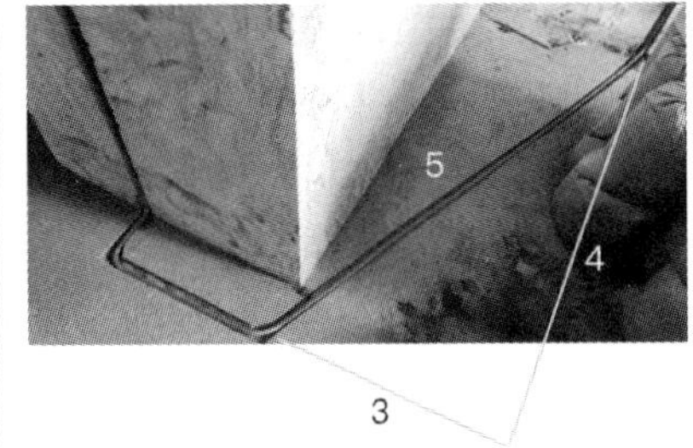

Q429 水路工程施工中，备案是什么意思?

备案是指完成水路布线图，以便日后维修使用。备案是向相关工程部门报告施工工程的相关情况，以备查考，备案可以增加施工工作的保障，以便解决日后再次施工中出现的难题。

Q430 为什么要用金属卡子固定水管?

因为如果用塑料卡子，时间久了就会变脆，存在安全隐患，使用不易生锈的金属卡子固定更加牢固。

Q431 水路可以全部都用热水管吗?

可以。因为热水管比冷水管管壁厚，质量相对冷水管要好一些，所以现在大多数装修公司改造水电时，冷水也同样使用热水管，但是热水管的价格会比冷水管高一点。

Q432 顶面水管为什么要包保温棉?

一是起到热水保温作用，二是起到防止冷水管凝结水珠的作用，三是起到隔音降噪的作用，四是起到保护水管，延长水管寿命的作用。

Q433 旧房水路改造需要换水管吗?

旧房水路改造需更换进水管，特别是镀锌管，在设计时考虑完全更换成新型管材。排水管特别是铁管改 PVC 水管，一方面要做好金属管与 PVC 管连接处处理，防止漏水，另一方面排水管属于无压水管，必须保证排水畅通。

Q434 水路改造完后可以不做打压试验吗?

不可以。打压试验是判断水管管路连接是否牢固的常用方法，可以预防日后漏水或者水管爆裂等现象。

Q435 室内空间中需要做防水的地方有哪些?

卫生间、厨房、阳台的地面和墙面，一楼住宅的所有地面和墙面，地下室的地面和所有墙面。

Q436 防水要做几道才好?

建议至少要 2~3 道，防水层才够厚。

Q437 厨房没有地漏是不是就可以不做防水?

不是。对于没有地漏的厨房来说，原则上也应该进行防水处理，以防止水池溅水或水管破损等突发状况造成的渗水、漏水。

Q438 厨房要在哪些部分做好防水?

一般厨房地面会做防水，墙面也需做 0.3 米的防水。此外在安置洗菜盆的墙体上方 0.5 米也最好设置防水层。厨房墙与地面之间的接缝也是容易发生渗漏的地方。

Q439 阳台防水可以选择与厨卫相同的防水漆吗?

最好选择抗拉强度高、延伸率大、耐老化好的防水漆，因为阳台不同于厨卫，经常受到自然环境的侵袭。

Q440 卫生间瓷砖敲掉后要不要做防水?

卫生间的瓷砖敲掉后，原来装修时做的防水层遭到破坏，这时，为了保证卫生间的正常使用需要重新做防水。

卫生间防水漆涂刷高度应该是多高?

卫生间淋浴墙防水高 180 厘米，非淋浴墙原则上防水漆不能低于 30 厘米，但为了强化防水作用，建议统一做到 180 厘米高，对于卫生间改造的轻体墙或自建轻体墙，建议防水高度做到顶部。

卫生间管线走地可以吗?

这个做法有风险，水管有走地和走顶之分，走顶距离会更长，走地会更省钱。走顶是有一定道理的，因为如果有渗漏，顶上的水管会很快被发现，及时检修，但埋在地下的水管如果渗漏不会那么容易就发现，并且检修的时候需要撬开地砖，很不方便。

电·路·施·工

强、弱电布线经常出现的施工缺陷有哪些?

（1）强电与弱电交叉处未包锡箔纸，导致电磁相互干扰。

（2）强、弱电布线没有按照“强上弱下”的布线原则。

（3）强、弱电同管。

哪些设备一定要提前预留好管线?

有些设备不提前做好规划，预留管道，后期想增加会相当麻烦，甚至不可能完成。比如壁挂炉、燃气热水器、电热水器、净水设备、阳台设备、小厨宝等。

走线可以不追求“横平竖直”吗?

地面走线不必一定要横平竖直，但是墙面必须横平竖直，以方便后期安装打孔能找准位置不破坏管线，但是为了避免多开横槽，横平尽量少做。

装修工人如何利用布线影响施工和费用?

有些装修工人会大量购买电线，在施工时重复布线，多用材料，浪费财力物力。一旦线路出现问题，在有如“天罗地网”的布局中很难检测。因此，在布线时应周密安排，在不超过 40% 容量的情况下，同一走向的线可穿在一根管内，但必须把强、弱电分离。

Q447 墙面走线为什么要少走横线?

因为后期安装时，工人大多会根据开关插座盒的位置判断电路走向，所以墙面在确保少走横线的同时，应尽量横平竖直地走线。

Q448 线管走线可以不分颜色吗?

不可以。为了方便后期的检修，强、弱电管一般都会做分色处理，且强电与弱电的间距不应小于 20 厘米。

Q449 电线越粗越好吗?

理论上这么说没有错，但是实际装修中如果都用粗的电线，那么水电的预算会翻倍。一般家里的插座用 2.5 平方毫米，大功率的电器才用到 4~6 平方毫米的。

Q450 布线需要布成活线吗?

需要。因为活线可以通过面板或过线盒直接把线拉出来，如果后期出现线路老化、渗水等意外情况，可以不动家里的墙面和地面，就轻松地将旧线换成新线。

Q451 新房装修有必要全部换线吗?

新房装修没必要全部换线，可以部分保留，只需要接线就可以了，算费用的时候就只算接线部分的费用，这样可以节省很多预算。

Q452 插座可以离出水口近一点吗?

插座离出水口近的情况多为阳台的插座与洗手台，为了用水用电安全，插座至少要距离出水口 10 厘米。

Q453 工人进行电线接头时会怎样投机取巧?

不按施工要求接线，后期使用一些耗电量较大的电器时，会出现开关、插座发热甚至烧毁的情况。防范措施就是在所有开关、插座安装完毕后，进行各个开关、插座的通电检查。一定要在实际使用中，检查这些部位是否有发热现象。

Q454 装修工人让买电线，不知道怎么买怎么办?

可以先统计家里电器的数量，计算一个回路上电器的载流量（计算公式：载流量

= 电器功率 ÷ 入户电压），然后选择电线的大小。比如家庭入户电压为 220V，2 匹空调的功率约为 1500W，所需要的载流量就是 1500 ÷ 220=6.8A。不同大小的电线载流量对应标准如下：

1 平方毫米电线	安全载流量 6~8A
1.5 平方毫米电线	安全载流量 8~15A
2.5 平方毫米电线	安全载流量 16~25A
4 平方毫米电线	安全载流量 25~32A
6 平方毫米电线	安全载流量 32~40A
10 平方毫米电线	安全载流量 40~65A

瓦·工·施·工

梅雨季装修，瓦工施工要注意什么？

梅雨季节空气比较潮湿，水泥容易受潮结块，受潮的水泥黏结力很差，无法再继续使用。所以要在现场做好防护措施，避免水泥受潮。

冬天瓷砖铺贴的注意事项是什么？

（1）防冻：冬季瓷砖铺贴时墙面如果受冻，就会出现空鼓。防治的办法是保证室内温度、湿度。

（2）保持良好的空气流通：在气候允许的条件下，开窗散去瓷砖铺贴辅料里带来的微量有害气体。

冬天贴瓷砖出现干裂，应当怎么处理？

运输和存放过程中，不要与其他材料混放。铺贴过程要预留与其他材质的接缝，以防止因材质冷缩系数不同而出现裂缝。同时，北方地区冬季多刮西北风，瓷砖辅料中的水分很容易流失，因此，贴瓷砖时要注意调节室内的温度与湿度，防止作业面失水过快而造成干裂的问题。

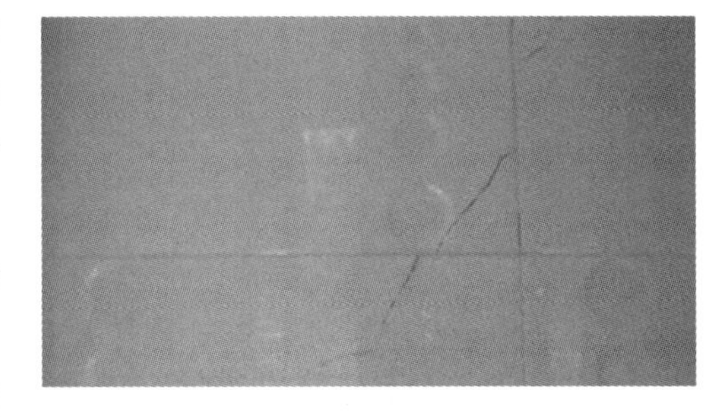

▲新铺的瓷砖出现裂纹很影响美观和心情

Q458 装修中瓦工是如何偷工减料的?

瓦工一般涉及家中的砌筑铺贴工程，因为其操作往往都是看不见的工序，因此有一些不良工人往往采用以次充好的形式来偷工减料。如购买劣质水泥、沙子、瓷砖、砌砖等，或者是在辅料的使用上，不给足分量，影响装修质量。

Q459 工人在地面找平时容易有什么失误呢?

有些房屋的地面不够平整，在装修中需要重新找平。如果工人不够细心或有意粗制滥造，就会造成“越找越不平”的问题。而且施工中使用的水泥砂浆还会大大增加地面荷载，给楼体安全带来隐患。

Q460 瓦工施工有需要额外注意的地方吗?

重点关注工人是否按比例调配黏结浆料，或是有没有偷懒不对基底进行清理等。

Q461 毛坯房的墙面要不要重新刮掉?

如果摸上去有很细的一层灰，或是洒水后很容易刮下来的话，那就是需要处理的。

Q462 师傅抹灰没有分层，可以吗?

不可以。若抹灰不分层，只经过一次抹压，则难以抹压密实，很难与基层黏结牢固。

Q463 墙面受潮发霉了怎么办?

如果墙面已受潮，可选用防水性较好的多彩内墙漆遮盖。

▲墙面发霉

▲墙面受潮

抹灰层厚度过大有问题吗?

抹灰层过厚，容易使抹灰层开裂、起翘，严重的会导致抹灰层脱落，引发安全事故。最佳厚度为 15~20 毫米、内墙抹灰厚度为 18~20 毫米。

Q465 为什么前一道腻子干透之前不能刮下一道腻子?

如果腻子不干透就刮下一道腻子，那么腻子的附着力就会降低，墙面就容易起拱。

Q466 不是厨卫就可以不做墙面拉毛吗?

不可以。墙面拉毛是为了增加水泥砂浆与墙面的黏合力，从而使墙砖贴得更牢固。如果不做拉毛，可能会留下安全隐患，墙面的瓷砖很有可能会因为黏合力不足而脱落，严重时甚至会引起墙砖大面积脱落。

Q467 铺贴小白砖为什么人工费要更高?

因为贴砖的单价是和施工难度挂钩的，小白砖因为面积小，所以相比大砖需要更多的时间去铺贴，这样相同工期里小白砖能赚的钱就比大砖少，所以工人会要求增加人工费。同时，贴小白砖对工人的手艺有很高要求，因为贴不好一眼就能看出来，所以相对应的工钱就会高一点。

▲小白砖虽然效果更好，但是施工价格也更贵

Q468 墙压地和地压墙两种瓷砖铺贴方法有什么区别?

（1）墙压地：好看、缝隙小、防水效果好，但是四角容易产生空鼓。

（2）地压墙：下面的瓷砖不会产生空鼓，视觉效果更好，但是接缝大、防水效果较差。

Q469 墙面贴砖可以从上往下贴吗?

最好从下往上贴，且从离地面一块砖左右的高度开始，贴到吊顶附近即可，以免贴得过高，瓷砖有掉落下来的风险。

Q470 工人说墙砖不用泡水就可以上墙，是真的吗?

这个说法是不对的。墙砖泡水是为了上墙更加牢固，如果偷懒跳过这一环节，墙砖会吸收水泥砂浆中的水分，导致水泥砂浆黏度不够，从而出现空鼓、开裂、脱落等情况。

Q471 瓷砖贴上墙后，颜色会不一样吗?

瓷砖颜色不一样的主要原因除瓷砖质量差、釉面过薄外，操作方法不当也是重要因素。

Q472 墙面砖受到污染怎么办?

对于墙面砖的污染，一般采用化学溶剂进行清洗。采用酸洗的方法虽然对除掉污垢比较有效，但其副作用也比较明显，应尽量避免使用。

Q473 墙面砖出现空鼓和脱壳怎么办?

用切割机沿线割开，然后将空鼓和脱壳的面砖与黏结层清理干净，最后用与原有面层相同的材料进行铺贴。

Q474 瓷砖勾缝剂发黑是因为什么?

贴完瓷砖后，水泥砂浆没有完全干透或是勾缝剂中的水分过高。

Q475 刚装修完，发现用白水泥勾缝的瓷砖缝中掉白粉，是什么原因?

主要原因是勾缝剂的强度不够。最好的处理办法就是重新进行勾缝，重新勾缝时，应选用档次较高、质量较好的专业勾缝剂，从而保证勾缝的质量。

Q476 贴瓷砖需要用瓷砖背胶吗，不用可以吗?

（1）关于用不用背胶，首先要看砖是贴在地上还是贴在墙上，如果是贴地面的话，那就不用背胶，直接用水泥砂浆就可以了。

（2）如果是贴墙面的话，还要根据瓷砖的材质来决定用不用背胶。墙面瓷砖如果是陶质的，或者是半瓷的，那么就不用刷背胶。如果是全瓷的，那就一定要刷背胶。

Q477 刷了背胶为什么瓷砖还会脱落?

可能的原因有：瓷砖背面没清理干净；背胶没涂刷均匀；背胶没有晾干就贴砖；用背胶粘贴超大砖或是吸水砖；背胶中加水；施工温度太低。

Q478 地面瓷砖、石材等铺设需要多长时间?

一般地面石材的铺装，在基层地面已经处理完、辅助材料齐备的前提下，每个工人每天铺装 6 平方米左右。如果加上前期基层处理和铺贴后的养护，每个工人每天实际铺装 4 平方米左右。地面瓷砖的铺装工期比地面石材铺装少一天左右。

Q479 旧地砖不拆，能不能直接在上面铺新地砖?

可以，但是要符合几个条件：第一，旧地砖没有大面积的空鼓或开裂；第二，瓷砖釉面没有明显的损坏和翘边；第三，地面平整度的落差控制在 3 毫米以内。

Q480 为什么铺砖的时候室内温度不能太低?

国家标准规定室内铺砖温度不低于 5 摄氏度，是为了避免水泥砂浆在粘贴瓷砖的过程中，因温度低于零度之后水泥砂浆中的水分结冰，导致水泥砂浆在没有凝固的情况下出现体积增加，而在温度上升至零度以上时，水泥砂浆中的冰融化成水，造成水泥砂浆体积的减小，在体积一增一减的变化过程中，会造成其固化强度降低、粘接效力降低。

Q481 地砖勾缝会影响瓷砖的热胀冷缩吗?

地砖勾缝不会影响其热胀冷缩。地砖因热胀冷缩导致的起拱等问题，不是勾缝引起的，而是留缝过小。即使是“无缝砖”也应有一定的缝隙，大约为 1 毫米。

Q482 可以地砖使用水泥砂浆，墙砖使用瓷砖胶吗?

虽然地面用水泥砂浆铺贴不会有脱落的问题，但是由于目前瓷砖规格较大且比较薄，用水泥砂浆会容易翘边、空鼓。所以建议最好地面、墙面都使用瓷砖胶。

Q483 瓷砖胶可以勾兑水泥吗?

不可以。这样混合使用，不但无法保证瓷砖的粘贴效果，而且日后的返修成本会更高，还存在掉砖砸伤人的安全隐患。

Q484 密缝铺贴要选哪种瓷砖?

对瓷砖的种类没有要求，只要质量合格即可。但是仿古砖一般不建议做密缝铺贴，因为仿古砖的平整度较差，留缝的话可以弥补缺陷。

Q485 密缝铺贴好看、规范，为什么选择的人不多?

主要有两个原因，一是对瓷砖的要求很高，二是人工费要比普通的贵 20% 左右。

Q486 装地暖可以使用密缝铺贴吗?

不推荐。因为安装地暖后温度变化大，会增加地砖开裂、起拱的风险。

Q487 地漏的铺贴类型有哪些?

错位铺贴法

十字铺贴法

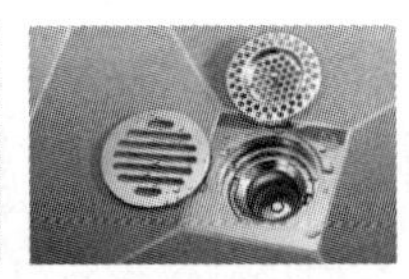
对角线切割法

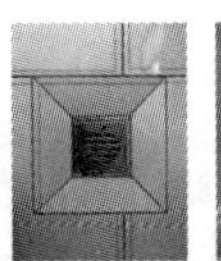
回字铺贴法

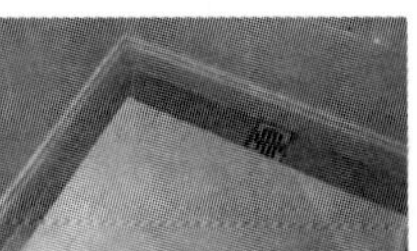
四边走水法

Q488 地漏错位铺贴的优缺点是什么?

优点：不需要切割瓷砖，避免浪费。

缺点：地面坡度不好做，下水效果一般。

Q489 地漏回字铺贴的优缺点是什么?

优点：排水速度比较快。

缺点：比较费工费时。

木·工·施·工

Q490 装修公司为什么总会劝说多做木工活?

装修公司或工头总会劝说业主多做一些木工活，因为对装修公司来说，水电工、木工活是比较赚钱的。业主一定要按照实际情况来定夺，千万不要盲目装修。对于家具活，除非户型不规则必须定做外，能在家具厂购买就尽量在家具厂购买。一是家具厂经过多种工序，家具不会轻易变形；二是木工活在现场干的话，既占场地，又较脏乱，而且油漆味浓，家具易变形；三是现场制作时原材料质量难以保障。

Q491 定制家具就是让木工打柜子吗?

不是。定制家具是厂家先去家里测量尺寸，然后在工厂生产出来再送回来安装。木工打柜子一般都是在现场直接制作。

Q492 木工打柜子比定制柜子更环保吗?

木工打柜子和定制柜子一样，都是用板材做的，只要板材质量过关就没有问题。

Q493 打柜子用免漆板还是选择喷漆?

（1）免漆板不用刷漆，污染较小，买回来可以直接安装，最重要的是价格实惠。但是免漆板容易掉漆、不好修复，并且颜色选择较少。

（2）喷漆可以给板材施加一层保护，所以使用寿命相对较长，颜色选择较多。但是人工费用较高，并且可能存在空气污染。

Q494 定制家具和成品家具到底哪个划算?

在原材料、工艺水平、品牌都一样的条件下，成品家具比定制家具便宜。因为成品家具都是批量生产的，成本自然比定制家具低。

Q495 值得定制的家具有哪些?

最推荐去定制的家具就是柜子，例如衣柜、橱柜、书柜、浴室柜等。因为别的家具，比如说床、桌子、椅子，成品的选择很多，各种不同材料、不同工艺、不同设计都应有尽有，而且尺寸方面也完全可以满足，不必去定制。

Q496 做吊顶时用木龙骨好还是轻钢龙骨好?

在做简单直线吊顶的时候用轻钢龙骨比较好，在做复杂艺术吊顶的时候，可以轻钢龙骨和木龙骨结合使用。

Q497 集成吊顶是不是越厚越好?

不是。一般厚度在 0.6~0.7 毫米最好，过厚的可能是贴膜的或是劣质回收铝材制作而成的。

Q498 吊顶时没对龙骨做防火、防锈处理会有什么后果?

一旦出现火情，火是向上燃烧的，吊顶部位会直接接触到火焰。因此，如果木龙骨不进行防火处理，造成的后果不堪设想；由于吊顶属于封闭或半封闭的空间，通风性较差且不易干燥，如果轻钢龙骨没有进行防锈处理，很容易生锈，影响使用寿命，严重的可能导致吊顶坍塌。

Q499 传统的木吊顶费用太高，有便宜点的做法吗?

不妨试试直接在吊顶的面板上镂槽（底层需要铺底板），做成实木条的形状，然后再刷亚光木清漆，其效果与实木条吊顶相差无几，但造价可省一半左右。

Q500 做吊顶的时候为什么一定要打自攻螺钉?

在吊顶上打自攻螺钉是为了将罩面板牢固地固定在龙骨上，以防止罩面板因为日后的各种因素（如四季的热胀冷缩）引起松动脱落。

Q501 顶面开灯洞是由木工开还是电工开呢?

因为开孔涉及吊顶结构，有些还要加固，当然需要木工来开。

Q502 厨房、卫生间不做吊顶可以吗?

不可以。卫生间中的水汽比较重，如果不做吊顶，那么水蒸气就会直接聚集在卫生间的天花板上；厨房中如果不做吊顶，油污就会积聚在顶部，不仅难看还很难清理干净。

Q503 如何避免刚装修完吊顶就开裂?

（1）基层龙骨建议使用轻钢龙骨，可以降低热胀冷缩导致开裂的概率。

（2）板材之间要预留伸缩缝，使用牛皮纸或玻纤网等材料 + 石膏填补伸缩缝。

（3）板材刷漆，一定要等第一遍完全干透，再进行第二遍涂刷。

Q504 饰面板在施工时没有进行认真排板会有什么后果?

如果排板不正确、套割不整齐，会直接影响到装饰效果，严重的很可能产生安全隐患。

Q505 清漆面板安装经常出现哪些缺陷?

接缝不严密、接缝高低不平、碰角不齐；面板上的疤痕太明显；纹路有横有竖，比较乱；有烂角、污渍。

▲饰面板材料到的时候记得要检查，施工的时候最好在现场监督工人

Q506 隔墙板材的接缝处高低不平会有什么后果?

如果隔墙板材采用了厚薄不一致的条板，在安装时又没有用靠尺找平和校正，会造成板面不平整、不垂直，影响装饰效果。

Q507 铺设实木地板前需要晾干吗?

需要。在通风环境下晾干，至少得有三天至一周时间，这是为了使木地板适应从工厂到装修工地的小气候。

Q508 铺实木地板时，木龙骨能用水泥固定吗?

不能。木龙骨固定时应该打眼，下木楔子固定，严禁用水泥固定。

Q509 竹地板用不用龙骨?

必须铺龙骨。一是为了地面找平，二是为了更好地固定地板，这样才能最大限度地保证地板的无声响和隔凉效果。

Q510 家里铺地板前需要刷地固吗?

地固是一种专门作用于水泥地面上的涂料，可以避免木地板受潮气侵蚀而产生的变形，同时避免日后从地板缝隙中“扑灰”。可以根据需求和预算选择，并非一定需要。

Q511 铺地板要不要下面打胶固定?

在国内这种做法不常见，实木地板下面架木龙骨为主；复合地板以空铺为主。目前国内只有软木地板是普遍用地板胶粘贴固定的。

Q512 家里的自流平地面开裂了是否影响铺地板?

有影响。自流平严重开裂之后在上面铺设地板，不仅会影响地板的铺设效果，地面会变得凹凸不平，而且在后期的使用过程中会影响地板使用寿命，地板使用时间短。如果地面出现返潮现象，还会造成地板起鼓、返潮等情况。所以如果想要铺设地板的话，最好再重新做一下自流平。

Q513 如何确定木地板铺设走向?

以客厅的长边走向为准。如果客厅铺地板的话，其他的房间也跟着同一个方向铺。如果客厅不铺木地板，那么以餐厅的长边走向为准，其他的房间也跟着同一个方向铺。如果餐厅也不铺木地板，那么各个房间可以独立铺设，以各个房间长边走向为准，不需要同一方向。

Q514 铺地板之前感觉工人什么都没做就直接铺了，有问题吗?

木地板铺设之前，其实还有很多准备工作要做。第一步是要检测地面平整度，同时检查地面是否坚实（即有无空鼓存在）和清洁场地；第二步是检测地面含水率，一般要求地面含水率≤15；第三步是检测地面隐蔽工程，最好提前标出来，避免施工中损坏预埋的水管、气管、电源线和通信线路等；第四步是做好地面防潮措施，如果地板是直接安装在地面上的，防潮工作一定要有。

Q515 装修完之后，为什么铺的地板有些地方出现裂缝?

（1）地板受曝晒或烘烤引起干缩开裂。

（2）地板含水率高于当时、当地的平均含水率，遇环境较干（特别是地热地面）时，收缩不均匀引起漆面开裂。

（3）铺装时没有预留收缩缝或收缩缝过小，地板膨胀后挤裂。

（4）清洁地板时使用了碱性较大的清洁剂。

Q516 地暖系统每年都要更换新水吗?

不需要，否则很容易产生水垢。但是地暖系统需要进行定期排污，分水器上的过滤器滤芯要定期检查和清洗，以免阻塞管路。

油·漆·施·工

Q517 什么时候漆的喷刷效果最好?

秋冬季空气干燥，油漆干燥快，从而有效地减少了空气中尘土微粒的吸附，此时刷出的油漆效果最佳。

Q518 乳胶漆在冬天施工的话有什么要注意的?

温度都应控制在 5 摄氏度以上。如果温度低于 5 摄氏度，很容易造成漆膜成膜不完全，形成粉化脱落等现象。

Q519 天气不好能刷漆吗?

能不能刷漆的关键因素是空气湿度和温度，湿度超过 85%，温度低于 5 摄氏度，就不能施工了。

Q520 刷涂与滚涂各有哪些优缺点?

	刷涂	滚涂
优点	最早和最简单的涂漆方法，适于涂装任何形状的物体	适于大面积施工，效率高
缺点	效率低，劳动强度大，装饰性能一般	装饰性能差

Q521 装修师傅说喷涂乳胶漆要比滚涂形成的漆膜薄，是真的吗?

施工遍数以及加水量的多少，才是决定漆膜厚度的关键因素。在控制变量的情况下，有气喷涂的漆膜比滚涂的漆膜薄，但高压无气喷涂的漆膜比滚涂的漆膜厚。

Q522 刷漆的时候需要做成品保护吗?

需要。特别是对门、窗、五金等成品的保护，否则受到污染就需要重新更换。

Q523 喷漆时能否和其他工种同时操作?

不能。喷漆时要在相对干净的室内环境中操作。在无防护的情况下喷漆，作业场所空气中苯浓度相当高，对人的危害极大。

Q524 装修刷漆前要不要贴网格布？

网格布主要是为了防腐和抗裂，应用在水泥、石膏和墙体中，能够让墙面增加强度并防裂。但是，并非所有墙面都必须加装网格布，对于新砌墙、老房子及墙面找平过厚的，建议最好加装网格布或铁丝网进行保护。而对于承重墙、水泥状况良好、墙体结实的墙面可以不加网格布。

Q525 乳胶漆需要喷几遍，一般加多少水？

兑水量一般在 10% ~20%，稀释后使用。一般情况下，乳胶漆需要刷涂两遍，两遍之间的间隔不少于 2 小时。

Q526 如果没有按照标准兑水量涂刷，对墙体会产生什么样的影响？

如果没有按照标准兑水量施工，或兑水量过大，会使漆膜的耐擦洗次数及防霉、防碱性下降。具体表现为：掉粉、用湿布稍微擦洗后露出底材、应该有光泽的高档漆没有光泽且表面粗糙等情况。

Q527 第一遍底漆能和面漆混一起刷吗？

建议不要混刷。底漆主要是抗碱封闭的作用，混刷会影响底漆的性能，底漆没有装饰效果，面漆主要是以装饰效果为主。

Q528 毛坯水泥墙面能否不刮腻子粉，直接刷漆？

如果直接刷乳胶漆的话，除非是想要那种斑驳的效果，就直接在水泥墙上涂一层清漆，有些是连清漆也不刷的。工业风格的装修可以这样做，除此之外的毛坯房墙面是不建议直接刷乳胶漆的。因为毛坯墙上有很多砂眼和小裂缝，如果直接刷乳胶漆效果会很差，而且耗费乳胶漆的量会比较大，既浪费材料又无法实现墙面平整的效果。

Q529 刷乳胶漆可以不用刷底漆吗？

但凡是刮过腻子的墙面都必须刷底漆。现在的腻子普遍具有很大的碱性，而底漆是抗碱的，能防止墙面反碱变花。施工中底漆不能加太多水，而且要在 24 小时内涂面漆才能有效防止反碱。

Q530 刷墙时，是否要在刷底漆前用胶水再涂一次?

涂胶水应该在刷墙前进行，而不是刷底漆之前，新房是不需要这道程序的。

Q531 墙面很平，已经用石灰水涂过，是否可以不用底漆直接上面漆?

墙面很平，事先已经涂过石灰水的时候，也需要先涂上底漆才能上面漆。这是因为石灰水的碱性很大，如果直接刷涂面漆会发生反碱、发花、发黄等现象，会严重影响装饰效果，如果直接涂上面漆，也会造成材料的浪费。

Q532 做墙面漆时，要不要刷界面剂?

必须要，因为界面剂有保护作用，防锈性能好，干燥迅速，有耐热性优良的低温固化性能，能与大部分油漆配套使用。

Q533 油漆工程在施工中遍数不够会有什么后果?

容易造成涂膜层薄、露底、色泽不均匀等缺陷，影响装饰效果和使用功能。

Q534 浅色墙漆能覆盖深色墙漆吗?

直接刷涂浅色墙漆，遮盖不了深色的墙漆，会有色差。可以先用 240 号水砂纸打磨一遍，然后刷涂一遍白色墙漆，再刷浅色墙漆。

Q535 为什么有时刷完漆的颜色和色卡有差异?

色卡是印刷制成的，它与同色号漆的颜色非常接近。厂家生产色漆调色的基准不是色卡，是内部自制的标准板（或标准漆），这个标准是不变的。而色卡的印刷每批又会有色差，它反映出的颜色就会有误差，不能完全一样。另外，施工时，刷涂墙漆未搅匀或刷涂时漆膜太薄不盖底，也会造成漆色与色卡有差异。

Q536 墙漆刷错颜色了，直接在原有墙漆上刮腻子，然后再重新刷，可以吗?

（1）如果目前墙漆是浅色的，可以直接涂刷想要的颜色，不过建议降低兑水率。

（2）如果目前墙漆是深色的，那么直接涂刷也可以，就是使用量比较大。直接批刮腻子是节省成本的一种方法，但是不要忽略一个前提就是原来的乳胶漆墙面需要打磨，不然后期极易出现大面积起皮脱落的问题。

Q537 旧墙面刷漆为什么盖不住腻子粉?

（1）可能是修补用的腻子粉是耐水腻子粉，阴干时间太短造成的。处理方法：把有白点地方的腻子粉刮了，换成普通腻子粉或者用腻子膏在表面抹一层，阴干后，再重新刷漆。

（2）腻子粉修补过的地方需要先刷一遍底漆，才能开始刷漆。因为修补过腻子粉的地方没有刷过任何漆，所以它的吸漆量大；而没有修补过的地方因为有原来的漆膜，所以它的吸漆量比较少，这样的话就造成了修补过的地方出现了白色的印子。处理方法：在有白色的地方先滚一遍底漆，阴干后滚一遍乳胶漆，再阴干后，整面墙统一再刷漆，基本就可以盖住了。

Q538 刷漆后墙面颜色不均匀，一半深一半浅，而且凹凸不平，怎么处理?

墙面的油漆不均匀没有什么其他的办法能够补救，只能重新调色进行重刷，但一定要保证量足够，并且要留存一些，这样日后才能用来修补，避免出现色差。

Q539 装修还没结束墙面就发霉了是怎么回事?

可能是刷乳胶漆的时候上一层还没有干透就刷了下一层，也有可能是因为室内潮气过大。

Q540 感觉自己家的漆膜没有光泽怎么办?

有可能是没上底漆，或是上一层油漆未干透就涂刷下一层，也可能是因为施工的时候气温过低。建议用干湿两用砂纸将漆膜去除，擦干后重新上漆。

Q541 装修用的混油，感觉干得很慢是怎么回事?

一个可能是室内通风没做到位，另一个原因是基层过于油腻。

Q542 在刷漆和喷漆过程中，为什么有时会有“流泪”现象?

“流泪”是漆液向下流淌的现象，主要原因是稀释比例不当，涂刷或喷涂漆层太厚造成的。

Q543 发现墙、顶面上的漆表面成粉状、易脱是为什么?

这是由于施工过程中，漆的使用没有按照说明书的比例进行稀释，没有经常搅拌沉淀面造成的。施工时，墙表面必须干燥、干净，做底时应平整，应选择高品质漆施工。

Q544 乳胶漆出现反碱掉粉怎么办?

应返工重涂，将已涂刷的材料清除，待基层干透后再施工。施工中必须用封固底漆先刷一遍，面漆的稠度要合适，白色墙面应稍稠些。

Q545 刷完漆有刷纹是怎么回事?

可能的原因：漆黏度过大、涂刷时未顺木纹方向顺刷、使用油刷过小、刷毛过硬及刷毛不齐。

处理方法：用水砂纸轻轻打磨漆面，使漆面平整后，再涂刷一遍面漆。

Q546 油漆施工完表面有皱纹一样的东西怎么办?

有皱纹可能是涂刷时或涂刷后，漆膜遇高温、高热或太阳暴晒，表层干燥收缩而里层未干造成，也可能是漆膜过厚的原因。可以待漆膜干透后用水砂纸打磨，重新涂刷。

Q547 如果墙面漆发生了断裂该怎么补救?

（1）断裂范围大的话：用化学除漆剂或热风喷枪将漆去除，重新刷一次。

（2）断裂范围小的话：用砂纸蘸水磨去油漆，打磨光滑后重新抹腻子，刷底漆后再刷面漆。

Q548 怎么避免油漆施工后墙面起泡?

一定要保持基层干燥。

Q549 装修中油漆工是如何偷工减料的?

在装修过程中，如果使用假乳胶漆，可以节省 500 元左右；如果在施工过程中减少相应的遍数，则会节省 500~1000 元；如果在施工时使用劣质清漆，则会节省约 200 元。

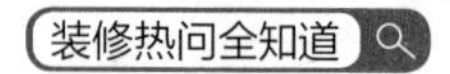

Q550 如何避免工人在漆中兑过多的水?

工人兑水主要是可以谎报数量，其实一桶漆能刷多少面积的墙，油漆厂家都会提供给你，如下数据可供参考：

使用面积 /m^2		40	50	60	70	80	90	100	110	120	130	140	150
底漆（1遍）	升数	10	12	14	17	19	21	24	26	28	30	33	
	桶数（5L）	2	3	3	4	4	5	5	6	6	6	7	7
底漆（2遍）	升数	18	22	26	30	35	39	43	48	52	56	60	65
	桶数（5L）	4	5	6	6	7	8	9	10	11	12	12	13
建议购买套装		2	2~3	3	3~4	4	4~5	5	5~6	6	6~7	7	7~8

Q551 工人一般会在哪些地方漏刷?

一般来说，在大的墙面上较少出现漏刷情况，一般容易出现漏刷的地方主要有阴阳角和门窗收边口位置。

Q552 工人在接缝修饰时会怎样敷衍了事?

在一些墙面与门、窗户的对接处，以及两种不同颜色漆对接的地方，不在第一种颜色的边沿处贴上胶带，再在上面涂刷另一种颜色的漆。而是图省事直接涂刷，造成乳胶漆与木作之间的漆互相混杂，以及接缝处出现各种问题。

Q553 秋天贴墙纸有什么要注意的吗?

由于秋季气候干燥，所以在铺贴前一定要先将墙纸放在水中浸透“补水”，然后再刷胶铺贴；铺好后不能像夏季一样打开门窗让墙面迅速干透，这样做极易让刚铺贴好的墙纸被“穿堂风”吹干，从而失水变形，而是要自然阴干。

Q554 冬天是不是可以贴墙纸?

可以。但是要注意基膜的最低成膜温度是 6 摄氏度，如果低于 6 摄氏度基膜会结晶化，所以冬天在滚涂基膜时要注意：选择温度最高时滚涂基膜。同时在北方供暖期，室内空气比较干燥，干燥速度过快，容易出现隙缝。需要在施工前用喷壶往空气中喷水，提高室内湿度；施工完成后，在暖气片附近放一盆水，或者地面用拖布拖一遍，增加室内湿度。

Q555 下雨天可以贴墙纸吗?

如果是持续的阴雨天，建议不要在此时施工，因为下雨天空气湿度大，容易稀释胶水的胶性，墙纸的寿命也就不长了，很容易掉落。

Q556 水泥墙面能不能直接贴墙纸?

水泥墙面上当然不能直接贴墙纸，黏性不强会导致墙纸脱落，这样墙纸再次使用也就浪费了。虽然水泥墙面看上去已经非常平了，但是实际上还会有很多凹凸和砂砾，而且这样的墙表面还会有很多粉尘，不管是用什么胶都会大大减弱它的黏性，墙纸直接贴上去也容易出现凹凸不平的现象，翘边脱落的可能性就更大了。

Q557 刷过漆的墙能直接贴墙纸吗?

不建议。一方面这样墙纸容易鼓包、起泡；另一方面会缩短墙纸的使用寿命。乳胶漆是水性胶，而铺贴墙纸时会在底部刷一层墙纸胶，胶中也含有水分，这样乳胶漆经水泡过之后会逐渐鼓包、起泡脱落，会造成墙纸表面鼓包。

Q558 掉粉的墙面可以贴墙纸吗?

掉粉的墙面不可以直接贴墙纸，需要铲除掉粉的墙面或者打磨它，然后把墙面修复平整，就可以贴墙纸。

Q559 瓷砖实在不想敲掉重贴，可否直接在上面贴墙纸?

（1）瓷砖的表面是光滑的，如果是这样直接将墙纸贴上去的话，黏性是不强的，有的甚至粘不住，粘上去很快就会脱落了。如果需要在瓷砖上贴墙纸，还是要对瓷砖进行处理，再进行墙纸铺贴。

（2）如果是万不得已需要直接在瓷砖上贴墙纸的话，那么就需要将瓷砖表面处理干净。然后在瓷砖表面刷一层界面剂，再刮腻子、刷基膜、铺贴墙纸。这样做可以使墙纸粘牢，但耐久度较差。

Q560 大理石上能不能直接贴墙纸?

大理石上是可以直接贴墙纸的，但是不建议贴，原因如下：大理石表面光滑，贴墙纸耐久度不高；大理石在阴雨天气会返潮，使墙纸发霉或者脱落；大理石有细孔，特别是洞石类，胶水或者脏东西会渗进细孔里，对大理石造成损害。

Q561 往木板上贴墙纸能用白乳胶吗?

白乳胶可以贴墙纸。木板或者木制墙面都是可以正常贴墙纸的，但需要注意。

（1）木基层含水量应低于12%。

（2）木基表面应平整，无尘土、油污等脏物。有破损的位置先用腻子补平。

Q562 装修贴墙纸之前需要刷什么?

涂刷墙纸基膜。在贴墙纸之前涂刷墙纸基膜能有效地防止施工基面的潮气及碱性物质外渗，避免墙纸发霉、发黑或脱落。

Q563 不刷基膜，只用糯米胶贴墙布可以吗?

基膜的作用是对墙面基层进行加固，在墙体表面形成保护层，隔绝墙体内部的潮气及防止碱性物质外渗，使墙纸不容易变色、发霉、翘边，延长墙纸的使用寿命。如果是乳胶漆墙面或者家里气候干燥，墙体表面干燥结实的墙壁，并且短期内未打算更换墙纸的，可以只用糯米胶不用基膜。

Q564 贴墙纸之前要刷一遍基膜或者清漆，刷基膜好还是刷清漆好?

贴墙纸前要刷一遍防潮作用的界面剂。过去是采用刷醇酸清漆，但这种漆有味道，环保性差。近年来，普遍是刷基膜。基膜一般在墙纸商店就有销售，价格当然比醇酸清漆贵，但无污染。

Q565 贴墙纸上胶不规范会有什么后果?

胶量不足的地方会产生小气泡或边缘粘接不好；胶量过多从边缘溢出，会在墙纸上留下污渍。

Q566 贴墙纸为什么会出现收缩现象?

如果门窗没有关闭而产生穿堂风，或者暖气没有关闭，以及原来墙面上的旧墙纸没有全部揭下，都会使墙纸比胶液干得快，此时墙纸的宽度将从浸胶膨胀后的宽度向原始的宽度进行收缩，造成裂缝及翘边的现象。反之，如果浸胶时间没有达到所要求的 8~12 分钟，墙纸贴到墙面上之后会继续伸张，造成隆起或皱折的现象。

Q567 发现墙纸翘边怎么处理?

（1）如果是基层处理不当造成的，可以重新清理基层，补刷胶黏剂粘牢。

（2）如果是胶液黏性小造成的，可更换黏性强的胶黏剂。

Q568 墙面有个插座挡着该怎么贴墙纸呢?

（1）在对应插座位置，用剪刀剪出一个小的十字切割口，套在插座上，剪出插座大小即可。

（2）如果墙纸是带背胶的，那么还可用剩余墙纸，剪下适当的大小，贴在插座上，这样插座与墙纸是一体的。

Q569 墙纸贴完后要多久才可以打开窗户通风?

贴墙纸后一般要求阴干，如果贴完之后马上通风，会造成墙纸和墙面剥离。因为空气的流动会造成胶的凝固加速，没有使其正常的化学反应得到体现，所以贴完墙纸后一般要关闭门窗 3~5 天，最好是一周时间，待墙纸后面的胶凝固后再开窗通风。

安·装·施·工

Q570 什么时候安装推拉门?

推拉门的安装取决于室内选择做明轨道还是暗轨道，如果是明轨道，要先把地板铺好再装门；如果是暗轨道，就需要先装门再铺地板。

Q571 防盗门一般什么时候安装，是刷漆之前吗?

防盗门应该在刷漆之前安装，否则装门时会弄脏并有可能会损坏刷好的墙面。刷漆时，在门框附近贴上美纹纸，以免防盗门沾上漆。

Q572 安装防盗门要不要灌浆?

一个没有灌浆的防盗门就如同一个木框架子，时间久了很容易出问题。所以，防盗门还是很有灌浆的必要。没有灌浆的防盗门，它的关门声很空洞，而灌过浆的防盗门，关门声要小很多，因为灌浆可以减少门框的震动，所以听起来会有一种很扎实的感觉。

Q573 室内房门一定要做门套吗?

从装修的角度来讲，门洞装修将门及门边作为一个整体来处理，这是考虑到美观。做不做门套，没有硬性规定。如果不做门套，安装成品门之前，门洞要先安装好门框（门框背面做防腐处理），固定牢固后抹灰处理好。

Q574 卫生间和厨房能包木门套吗?

卫生间和厨房可以包木门套。在做门套时，所用的材料不可以靠近地面，包套用的材料可以在反面做一层油漆保护。门套反面可以用灰胶封闭缝隙，这样可以隔绝水分，保证门套不受潮。

Q575 装修是先装门还是先装地板?

最好是先装门，再装地板。因为如果先装地板的话，虽然可以保证门与地板间的缝隙更紧密，但是装门时会容易把地板弄脏，同时踢脚线不好收口。

Q576 窗台板可以用木质材料或复合地板吗?

使用木质材料做窗台板是可行的，而且能够避免冷硬的感觉。用复合地板做窗台板也可以，但是，复合地板较窄，在镶拼之后，须做收边处理。

Q577 装木窗帘盒大概需要多长时间?

如果是有吊顶的房间，木窗帘盒制作工期可不单独计算。如单独制作，每个工人每日可制作 10 延长米左右的窗帘盒，只做构造及面板，表面装饰处理与墙、顶同时进行。

Q578 用无框窗封装阳台安全吗?

无框窗看似无框实则有框，其框架在玻璃的上下两端。相对有框窗，无框窗更安全，因为无框窗的玻璃是用铆钉铆固在玻璃梁上，而不像一般有框窗，仅仅把玻璃嵌在玻璃梁内后，简单打一层胶体。

Q579 厨房没有承重墙怎么安装吊柜呢?

对于作为夹层或者隔断的非承重墙来说，可以使用箱体白板，或者依据墙体受力情况使用更厚一些的白板固定在墙体上，来对墙体进行加固加厚。而非承重墙承受力度实在太低的话，可以使用 U 形板材，将白板与其他承重墙体固定，把受力点转移到其他承重墙体上，再安装橱柜。但这种方式在加工和安装上比较困难，需要安装工人经验丰富，考虑周到。

Q580 装台下盆需要在台面上开孔吗?

装台下盆需要在台面上开孔，以便将面盆放入孔内。

Q581 马桶安装好后能立马试水吗?

不能。马桶底部的封闭材料如果是玻璃胶，需要等待 24 小时以上才会完全凝固，此时才能试水；如果封闭材料是水泥砂浆，最少需要 7 天后才能试水，避免出现分离脱落等情况。

Q582 浴霸安装多高比较好?

灯泡离地面的高度应在 2.1~2.3 米，过高或过低都会影响使用效果。

Q583 安装浴霸的电源配线需要能防水吗?

浴霸的功率可达 3000 瓦以上，因此，安装浴霸的电源配线必须是防水线，最好是不低于 4 平方毫米的多丝铜芯电线。

Q584 卫生间灯可以直接装在扣板上吗?

如果安装的灯具重量很轻，可以直接安装在扣板吊顶上，若重量重则同客厅一样，不能直接安装在吊顶上。

Q585 吊灯能直接固定在龙骨上吗?

不能。不管是购买的什么材料的灯具，安装时必须要在房顶做好灯具支架，将灯具直接固定在吊顶上。尤其是重量超过 3 千克的大型灯具不能直接挂在龙骨上，很容易坠落。

Q586 装墙纸能装壁灯吗?

壁灯所在的墙面最好不要选择墙纸为主材。壁灯使用时间长了以后，会导致墙面局部变色，严重的时候会起火，墙纸非常易燃，会加速火势。如果一定要两者同时使用，可以选一些灯罩距离墙面较远的长臂款式或者带有灯罩的款式。

Q587 装射灯要装变压器吗?

安装射灯的正确做法是一定要安装变压器，或者购买自带变压器的款式，防止电压不稳发生爆炸。

Q588 空调为什么最好装在长边墙?

因为当空调装在长边墙的中间位置时，出风能以最短的距离达到各个角落，回风效果好，也最节能。所以在长方形空间里，空调安装在长边墙比短边墙效果好，而安装在长边墙中间，制冷效果最好。

Q589 空调墙孔可以与排水管位置齐平吗?

最好让墙孔稍低于空调排水管出管位置，也就是内高外低，斜度为 5~10 度。如果反方向倾斜，则会导致冷凝水溢流滴水。

第五章

装修监理与验收

装修验收是我们检验施工成果的最后一道防线，而寻求专业监理人员的帮助对于不熟悉装修施工的我们而言，是个不错的选择。如果想要让自己更放心、更省心，可以选择请专业的监理公司来监工和验收，即使会有一笔支出，但总比居住后才发现问题导致返工要划算得多。

装·修·监·理

Q590 请家庭装修监理有哪些好处?

省心：业主可照常工作，不打乱业主的生活安排，不用业主每天在工地。

省力：业主不用东奔西跑看材料，而由监理员代替业主把材料质量关、施工工艺关。

省时：业主不怕施工拖延时间，而由监理员帮忙合理确定时间，并写入合同，如对方拖延时间，是要处罚的。

Q591 不请监理公司可能会出现哪些坏处?

（1）不规范、不合理、不公平的合同，在预算上就可能吃高估冒算的亏。

（2）在使用的装饰材料上，由于不懂专业，施工队有可能使用假冒伪劣产品或以旧代新，以次充好。

（3）在施工中容易偷工减料，粗制滥造。

Q592 如何找到理想的监理公司?

（1）持有证书证明的经济实体。监理公司必须经过工商部门及其他有关部门的注册登记，持有合法有效的工商营业执照及其他必备的证照。

（2）相关部门的批准。作为一种特殊行业，监理公司的设立须经室内装饰装修行业的主管部门批准。公司必须持有上述主管部门颁发的资质等级证书或批准文件，且其只能在资质等级允许的范围内开展装修监理工作。

Q593 装修公司提供的监理员靠谱吗?

有些装修公司在宣传时，介绍说自己公司内就有装修监理员。这其实是一种误导。监理公司只有作为第三方，才能公正、独立、科学地行使监理职能，如果隶属于装修公司，则它维护的往往只会是装修公司单方面的利益，而很难再周到地考虑业主的利益。

Q594 装修公司的内部监理与监理公司的区别是什么?

（1）资质不同。装修公司的内部监理或某些市场的工程监理没有行业主管部门颁发的监理资质，无资格担当正规监理，而站在第三方立场进行公正监理的家装监理公司具有行业主管部门颁发的监理资质。

（2）工作范畴不同。内部监理不用审核装修公司的资质和人员资质，本身就归装修公司管，而正规监理公司要审核装修公司的营业执照、装修资质和施工人员的资格，审核设计方案、工程报价、施工工艺，检验材料，负责分期验收，竣工验收和保修监督等。

Q595 监理公司的工作内容有哪些?

监理公司接受委托之后，在装修中替业主监督施工队的施工质量、用料、服务、保修等，能有效防止装修公司和施工队的违规行为。监理公司在业主与装修公司签订合同之前，会先审核装修公司是否正规。待工程结束之后，如果出现质量问题，监理公司会监督施工队及时修复和整改。

Q596 监理公司在哪些重点问题上帮助把关?

（1）判断承重结构的改动与否。

（2）审查进料是否符合合同规定的质量。

（3）帮助业主按合同规定的时间及实际验收结果来确定工程进度。

（4）对装修质量问题进行把关，有问题的工序未处理完不准进入下一道工序，监理可以不签字。

Q597 监理员在哪些重点问题上可以做主?

承重结构不准乱改乱动；进料必须符合合同规定的质量；付款按合同规定的时间及实际验收结果来确定；质量问题未处理完不准进入下一道工序。

监理的费用大概多少?

工程预算总价	全程监理费用标准（参考）
3 万 ~4 万元	2000 元
4 万 ~5 万元	2250 元
5 万 ~6 万元	2400 元
6 万 ~7 万元	2450 元
7 万 ~8 万元	2500 元
8 万 ~9 万元	2700 元
9 万 ~10 万元	2850 元
10 万元以上	3000 元起

Q599 请家庭装修监理是不是增加了装修支出?

一般人可能觉得已花几万、十几万装修费用，还要付一笔监理费，似乎是额外支出。其实可以换一个角度考虑，首先监理在审核装修公司的设计、预算时可挤掉一些水分，这部分一般都要多于监理费；其次，每天有监理员在工程材料质量、施工质量等方面把关，节约了大量的时间和精力。

Q600 请装修监理可以省钱吗?

（1）签订正规合同，防止非法家装公司欺诈，自己上当花冤枉钱。

（2）审核设计方案和报价，防止中期追加费用。

（3）检查装饰材料，防止假冒伪劣材料进入装修现场。

（4）验收装修质量，减少重复装修支出。

Q601 请监理公司后就不用过问装修情况了吗?

并不是请了监理以后，就可以不管不问。一方面要经常与监理员保持联系，另一方面在闲暇时到工地查看，发现有疑问的地方及时与监理员沟通，有严重问题时要及时碰头，召集装修公司、监理公司的负责人协商，并及时整改。

Q602 监理员不负责怎么办?

可直接对监理员提出警告，如不接受可向其公司反映，问题严重的应调离岗位，并要求重新委派监理员上岗，确保装修不受影响。

Q603 监理到场时间和次数有要求吗?

一般来说，监理和质检人员每隔两天应该到场一次，装修公司设计人员也应 3~5 天到场一次，看看现场施工结果和设计是否相符合。

水·电·施·工·验·收

Q604 如果要进行验收需要和装修公司提前讲吗?

一定要跟装修公司定好材料的验收时间。如果材料采购完成，而没有约定验收时间，容易影响施工进度。

施工验收需要准备哪些工具?

工具	用途
塑料盆 / 塑料瓶	用来验收下水管道堵不堵
小榔头	用于验收房子墙体和地面是否空鼓
塞尺	用来检测墙面、地板、瓷砖是否平整
5 米卷尺	用来测量净高、净宽和橱柜等尺寸，以及检验预留的空间是否合理
万用表	用于测试各个强电插座及弱电系统是否畅通
计算器	用于计算数据
纸笔	用来记录、签字
扫帚	用来打扫室内卫生
报纸、塑料袋、绳子	可以预先封闭下水管道

Q606 是不是施工完一个项目，验收成功才能开始下一项施工?

是的。因为装修包括很多的工程项目，而且有的项目只能在另一些项目完工后才能进行，因此，先完工的项目需要进行分阶段验收。

Q607 装修验收有哪些误区?

（1）重结果不重过程。有些消费者甚至包括一些公司的工程监理，对装修过程中的验收工程不是很重视，到了工程完工时，才发现有些地方的隐蔽工程没有做好，如因防水处理不好导致的墙壁发霉等。

（2）忽略室内空气质量验收。对于装修后的室内空气质量，尽管装修公司在选择材料的时候都用有国家环保认证的装修材料，但是，这些材料都或多或少地有一定的有害物质，所以难免会有空气污染。

Q608 有没有什么验收项目是容易被忽略的?

（1）灯具是否全部可点亮。

（2）工程垃圾是否已经全部清除。

（3）洁具及其他安装品是否安装准确，马桶包括储水及冲水是否正常，洗手盆排水是否正常。

（4）地漏有没有堵塞。

Q609 是全部装修完再验收还是中途也要验收呢?

装修验收一般在三个阶段进行，初期、中期和尾期，并且每个阶段验收项目都不相同，尤其是中期阶段的隐蔽工程验收，对装修的整体质量来说至关重要。

Q610 装修材料到了是不是也需要验收一下呢?

是的。不论是自己买的材料，还是装修公司提供的材料，都要在材料到了之后进行检查，这样可以避免以次充好、虚报数量等问题的出现。材料进场的验收主要检查材料的数量、品牌、规格、色彩、质量等是不是与报价单一致。

▲材料进场之后一定要看看到场的材料是否能与报价单上的材料对上，特别是材料的品牌、型号和数量

Q611 怎么知道水管施工有没有问题呢?

主要看施工之后进行的打压试验有没有问题。打压试验可以模拟正常生活中使用水压的变化，包括对于水管等材料的冲击，借此得以检测水管的使用性能，以及安装时的严密性。验收标准一般是打压时仪表显示不得小于 0.8 兆帕，以 30 分钟内压力下降在 0.05 兆帕以内为合格。

Q612 测试水路的时候就测了 5 分钟可以吗?

不可以。水路验收主要是进行打压测试，打压时压力不能小于 0.8 兆帕，时间不能少于 15 分钟，否则测出来的结果会不准。

Q613 不用工具也可以检测水压吗?

可以。将水龙头开到最大，看水流的速度与冲击力有多大。一般压力好的水流向前溢出的位置较远；相反，压力较弱的水流，则流水缓慢，且无法向前溢出一定的位置。

Q614 怎么测试墙面防水做好没有?

用水龙头模仿花洒喷水的方式对做过防水的墙面进行喷水。等 24 小时后看墙的表面有没有湿水点。如果没有，则说明墙面做防水合格，具备防水性能；如果有，则说明不合格。

Q615 感觉地面防水做得很仓促，应该怎么检查呢?

可以用水泥砂浆做一个槛堵着卫生间的门口，拿一个胶袋罩住排污 / 水口并捆实，然后在卫生间放水，浅浅一层就行了（约高 2 厘米）。约好楼下的住户在 24 小时后查看其家中卫生间的天花是否有渗漏等情况。

Q616 检查时发现冷水管渗漏，是因为什么?

冷水管渗漏通常是由水管和管件连接时密封不严导致的，可以要求施工人员用密封材料缠紧。

Q617 验收的时候热水管有点漏，要怎么解决呢?

热水管渗漏可能是密封不严，或是使用了生料带密封，生料带受热老化而导致的。可以重新用麻丝加铅油来对热水管进行密封。

Q618 开水龙头的时候发现水流很小怎么办?

如果发现水流变小，在水压正常且水管无渗漏的情况下，可能是螺纹的问题。螺纹过长，水管旋入管件（如弯头）过深，就会造成水流截面变小，需要重新施工更换螺纹。

Q619 水龙头流速正常，但热水开一会就没有了是怎么回事?

这是由水路改造时施工人员操作不规范引起的，冷热水管的槽路相距太近或者同槽，但没有对热水管做保温包裹，所以最好重新安装铺设。

Q620 怎么检查卫生间坡度合不合格?

可用乒乓球放在地面上，以自动滚向地漏为合格。也可以打开水龙头或者花洒，一定时间后看地面流水是否通畅，有无局部积水现象。

Q621 卫生间的设备安装完要检查哪些地方?

（1）外表洁净无损坏，安装牢固，没有松动。

（2）排水畅通无堵，各连接处无渗漏。

（3）安装完毕后进行不少于 2 小时盛水试验，应无渗漏。盛水量分别如下：马桶低水箱应盛至扳手孔以下 10 毫米处；各种洗涤盆、面盆应盛至溢水口；浴缸应盛至不少于缸深的三分之一；水盘应盛至不少于盘深的三分之二。

Q622 检查马桶时发现有溢水的情况怎么办?

若安装马桶时底座凹槽部位没有用油腻子或玻璃胶密封，冲水时就会从底座与地面之间的缝隙溢出污水。所以最好在底座凹槽里填满油腻子，装好后周边再打一圈玻璃胶。

Q623 怎么检查马桶是不是安装得没问题?

可以扔点厕纸进去，边冲水边观察，检查各接口有无渗漏。连续冲放不少于三次，以排放流畅、各接口无渗漏为合格。

Q624 装了浴霸，需要检查什么地方呢?

检验功能开关是否工作正常，取暖效果是否明显，照明、换气是否正常，有无抖动及杂声。

Q625 装的淋浴房，有没有需要检查的地方?

主要检查其密封性。可以用花洒喷淋浴房的两边，测试其胶打得是否严密，看会不会有水渗出。淋浴屏门也要用水测试，看看有没有渗水出来。

Q626 装修公司提供的电线都是一个颜色的，可以吗?

尽量用不同的颜色，如果零线、火线和地线都是用的一种颜色，那么后期检修就很难区分开，容易发生危险。一般来说火线用红色、零线用蓝色、地线用双色。

Q627 想检查电路合不合格该看什么呢?

(1)看电源线是否使用国标铜线。

(2)看厨房、卫生间是否用的 4 平方毫米(铜线)的电线。

(3)看电视和电话信号线是否与强电类电源线保持不小于 250 毫米的距离。

(4)看照明和插座是否能正常使用。

Q628 改完电就要测试每个插座吗?

是的。可以用电笔测试每个房间中的插座是否通电，如果有问题可以及时检修，不耽误后期施工。

Q629 用电笔检查插座不通电怎么办?

通常是因为开关、插座接错线、接线不实、面板安装不牢固、螺丝未拧紧等原因。最好找专业的电工施工，检查整个线路，重新接线或处理电线接头部分。

Q630 检查电路一切正常，只是弱电信号有点差是怎么回事?

可能是强电与弱电距离太近、或同槽、或在地面交叉相遇时一方没有用锡纸包裹，导致弱电受到强电干扰，造成信号微弱。

Q631 验收电路改造的时候面板突然冒出火花是怎么回事?

有可能是电路改造时所使用的电线或后期安装的面板质量不合格。需要重新更换电线和面板，一定要在初期就把好质量关，后期再更换非常麻烦。

Q632 可以用手机检测插座吗?

开关与总电闸的好用与否只需一开一关便能检测。插座的检测则需要利用到手机的充电功能。在不同的空间，抽查几处插座，若手机充电正常，则说明插座没有问题。

Q633 怎么检查开关总闸门是否正常?

在入户的总闸门处，内部有不同的闸门开关。分别开关单一的分控开关，看室内相对应空间的灯泡是否亮起。如此，可检测室内电路的分布是否标准以及是否可以正常使用。

Q634 怎么判断电表运行正不正常?

切断家里配电箱内的总开关或拔掉家里所有设备的插头，确定没有设备在用电后，观察电表面盘上脉冲指示灯闪烁情况。一般在 10 分钟之内没闪烁或只闪烁 1 次，则电表运行正常。若指示灯多次闪烁，说明电表运行不正常。

Q635 怎么检查供电是否稳定?

可以同时打开大功率电器，包括空调、冰箱、热水器、电磁炉等，看室内的电路运行是否稳定。若发生断电的现象，说明断路器容量配小了。需及时更换断路器，否则会发生烧坏电路的危险。

Q636 测试供电时可以同时打开灯具吗?

测试时，最好不要将灯具一同打开，因为灯具在突然断电的情况下容易发生变压器烧坏的情况。

Q637 配电箱有必要检查吗?

有必要。配电箱的验收比较简单，只要保证做了接地保护，保证配电箱不会有带电风险即可，面板也要选择塑料材质，避免触电风险。

Q638 家里电路改造只在总开关处装了漏电保护器可以吗?

只在总开关处装了漏电保护器，一旦发生漏电，就会导致全屋断电，连照明都没有，很难查找故障回路。所以漏电保护器建议一定要布置在单独的插座回路中，即使预算紧张，卫生间、厨房和空调这三个地方也一定要设置。

Q639 准备装新风系统，工人说要单独设计一个回路，是真的吗?

是的。除了插座、照明、空调、冰箱等几个常用回路外，如果家里使用了中央空调、新风、地暖、电热水器以及音响，也是需要单独布置回路的。

Q640 工人说照明回路用 1 平方毫米的铜芯导线就够了，是真的吗?

家里所有的灯共用一个回路，这些照明灯具加起来的功率比较少，一般是不会超过 1000 瓦的，所以照明回路选择 1.5 平方毫米的铜芯导线就行。不建议选择 1 平方毫米的铜芯导线，虽然也能满足家庭需要，但如果后期要增加照明灯具，更换电线会比较麻烦。

插座回路要用什么规格的电线呢?

普通插座回路的多少，一般是按照插座数量来划分的，以 10 个插座为一个回路，如果超过 10 个，就应该增加回路了。一般来说，家庭插座回路负载的电器多为电脑、电视等，功率都不会太大，不会超过 3000 瓦，所以选择 2.5 平方毫米的铜芯导线就行。

漏电保护开关里总有“嗞嗞”的电流声，有问题吗?

开关质量差，线圈的问题造成“嗞嗞”声，最好重新更换质量好的漏电保护开关。

Q643 好多人说装完水电要拍照，为什么?

因为只要是正规的装修公司在布线的地方都会贴有标识线，防止打孔时不小心打到电线或水管。所以在拆除标识线之前，一定要拍照存档，这样后面看的时候会更加直观一点。

▲墙上贴线的地方代表管线位置，可以拍照留下来

瓦·工·施·工·验·收

铺地砖前需要盯着师傅做找平吗?

如果可以的话，等水泥干透后，用水平尺测量水平度，而后再进行下一步。因为找平直接影响到整体的美观程度。

Q645 装修验收时，需要验收地平吗?

地平就是测量离门口最远的地面与门口内地面的水平误差，测量的方法：将长度为 20 米左右的透明水管注满水，先在门口离地面 0.5 米或 1 米处画一个标志，把水管的水位调至这个标志高度，并找个人将其固定在这个位置；然后再把水管的另一端移至离门口最远处的室内，看水管在该处的高度，再做一个标志，用尺测量一下这个标志的离地高度是多少。这两个高度差就是房屋的水平差。一般来说，如果差异在 2 厘米左右是正常的，3 厘米在可以接受的范围之内。

Q646 找平验收怎么算合格?

用 2 米长的靠尺，在 2 平方米的地面上交叉测量，若下方缝隙小于 3 毫米，就算合格。

合格	轻度不平	严重不平
2 平方米面积内，水平误差小于 3 毫米	2 平方米面积内，水平误差大于 3 毫米	2 平方米面积内，水平误差大于 5 毫米

Q647 没有水平尺可以检查地面吗?

可以把水倒向地面，看水流的方向。若水流不动，则说明水平度良好；若向一侧流动，说明地面有向一面倾斜的问题。

Q648 抹灰项目要不要验收呢?

需要。可以重点检查表面是否有爆灰和裂缝，表面看上去是不是干净、光滑。

Q649 刮完腻子了要不要验收呢?

需要。可以看表面是否完整、光滑，是否有裂纹；墙面与墙面、墙面与顶面的交界处是否顺直；检查腻子的风干程度，一定要完全干透再刷漆。

Q650 怎么简单判断地面水泥抹得合不合格?

用鞋底摩擦地面或用扫把清扫地面，看地面沙粒的聚拢量及灰尘的多少。若清扫后房屋中有明显的灰尘，说明地面水泥的质量不合格。

Q651 铺砖结束之后主要检查什么?

（1）检查空鼓率。建议铺贴完成 12 小时后进行。可以用小锤子敲打墙、地砖的边角，检查是否存在空鼓现象。

（2）检查色差。检查瓷砖的品牌是否相同、是否是同一批号以及是否在同一时间段完成铺贴。

（3）检查砖缝。一般情况下，无缝砖的砖缝在 1.5 毫米左右，不能超过 2 毫米，边缘有弧度的瓷砖砖缝为 3 毫米左右。

Q652 不用工具怎么检查瓷砖平不平?

在没有合适的工具协助检测的情况下，可用双手触摸瓷砖与瓷砖的连接处，感觉瓷砖之间的高低落差。这种办法可配合双眼大面积观察，然后用双手局部检查，测出瓷砖的平整度。

Q653 怎么知道地面瓷砖有没有裂?

在白天有自然光照射的情况下，用眼看和手摸的方法，检查砖面是否有裂纹或裂缝。裂纹是指砖面表面有裂开，但瓷砖底部是完好的，用手触摸有轻微的割手感觉；裂缝是指整块砖面从表面到底部开裂，手摸感觉明显割手。

Q654 感觉瓷砖好多地方都是空的，要返工吗?

如果一个房间内空鼓的瓷砖超过了总面积的 5%，那肯定不合格，需要返工重新铺装。

Q655 铺完地砖以后，怎么检查铺的地砖是不是空的呢?

专业的检测方法是等瓷砖干透，用橡皮锤随机敲击砖面，各个地方都敲敲，听声音就很容易听出下面有没有空鼓。若不是出现清脆的“当当”声，而是发出空洞的“咚咚”声，则可判断为空鼓。若没有专业的检测工具，也可随便找一个金属器物，逐块敲击地面，根据声音的不同，查出空鼓的地砖。

Q656 地板铺装完多久验收比较好?

地板铺装结束后三天内进行验收比较好。

Q657 怎么判断地板铺得好不好?

（1）可以先看是否采取了合理的间隔措施，靠近门口处，是否设置伸缩缝，并用扣条过渡。

（2）门扇底部与扣条的间隙要大于 3 毫米。

（3）地板表面洁净，踩踏无明显异响。

Q658 地板验过一次不合格重新铺了，第二次验收要注意什么?

地板修复后，保修方和用户双方应及时对修复后的地板面层进行验收，对修复总体质量、服务质量等予以评定。保修方应在保修卡上登记修复情况，用户签字认可。保修方在剩余保修期内有继续保修的义务。

Q659 家里铺装了地毯应该怎么检查?

无论采用何种地毯铺装方法，地毯铺装后表面都要平整、洁净，没有松弛、起鼓、褶皱、翘边等现象。接缝的地方没有明显的缝隙、错花的现象；收口处应收口顺直、严实，踢脚板下塞边严密、封口平整。

Q660 铺地板时发现地面不平怎么办?

（1）小面积不平整的地面用石膏加胶刮平，优势在于费用低，石膏干得特别快，施工时间较短，在干燥的季节甚至施工当天就可以用。

（2）较大面积的不平整要用水泥砂浆重新铺。需要提前做，如果不留充足的时间，水泥干不透会给地板留下受潮的隐患，影响地板的使用寿命，这个办法费用相对较低。

（3）直接使用铺垫宝。铺垫宝对于地面的修正效果非常好，包括开槽后的地面甚至是暴露于地面的管线都可以处理得很完美。

Q661 检查地板的时候发现有缝隙怎么办?

（1）直接请装修师傅把有缝隙问题的地板拆了重新安装。这种方法虽然简单易处理，但是费钱，而且有很大可能找不到与之相似的地板。

（2）填玻璃胶。准备填玻璃胶时，需要先观察，如果地板的缝隙有 4~5 毫米厚，并且囤积夹杂了许多灰尘，这个时候你就不可以用玻璃胶进行填补了。操作不好可能会不太美观。

Q662 地板踩上去有“咯吱咯吱”的响声，为什么？

可能是因为留缝不合适造成的，这种情况只能重新铺设。但如果是铺完之后没有声音但是过段时间却出现了，那么可能是企口没有磨合好，再过一段时间可能就没有声音了。

Q663 家里装了地暖，铺地板之前要不要烘地面？

把地面烘一下，是为了使地面的水汽大量蒸发出来，避免后期使用时水汽蒸发使得木地板潮湿发胀。一般来说烘 3~5 天就差不多了，湿度测试在 20% 以下就可以了。

Q664 打算铺地板，地平不合格，怎么补救？

可以考虑采用石膏找平。可用于局部找平，地面不需抬高，找平厚度大概在 5 ~ 20 毫米，对房间高度几乎没有影响，干燥速度快，价格相对便宜，施工方便。

Q665 地面找平后没多长时间好几处裂纹，正常吗？

抛开建筑本身可能的变形收缩外，地面找平后出现裂纹有可能是水泥砂浆比例不对以及找平后维护不及时所引起。地面找平后是需要检验的，如果一搓就起沙，就要凿掉重新做。

油·漆·施·工·验·收

Q666 油漆施工验收最容易遗漏什么？

忘了查计量。很多人在检验漆类材料时往往都会重点关注环保、质量方面的问题，而忽略了计量，计量就是指重量是否合格，计量认证的标志是“CNAL ”，有这个标志说明桶漆的重量与标签上的相符，含水量也合格。如果计量不合格，不仅仅涂刷的质量会有问题，而且要多花很多资金。

Q667 刷完乳胶漆后墙面凹凸不平，还有鼓包是怎么回事？

这是因为基层没有处理好，后面时间长了必定裂缝。只能让工人重新打磨重新刷漆。

Q668 刷完漆，发现墙上有好多洞眼，是怎么回事?

可能的原因：① 漆的黏度大；② 施工现场温度过低；③ 涂刷时产生气泡；④ 漆中有杂质。

处理办法：① 应根据气候条件购买合适的清漆，避免在低温、大风天施工；② 清漆黏度不宜过大，加入稀释剂搅拌后应停一段时间再用。

Q669 乳胶漆刷完后墙上有很多小锈点而且还有大量划痕，怎么办?

墙上出现锈点是因为在墙上打的螺钉没有做处理，一般的做法是需要用水泥把钉眼填补好，上面再批腻子。大量划痕可能是因为墙面没打磨好或是用的砂浆里的砂子太粗了，解决方法只能是重新打磨上漆。

Q670 乳胶漆刚刷完，墙角就泛黄是什么原因?

原因可能有两个：一个是油工底漆没有刷好；另外一个原因是刷好整墙之后，油工拿小滚筒或刷子补漆的时候，小滚筒或刷子只蘸到了上层的漆膜，漆没有搅匀使用，导致漆膜颜色泛黄。不管如何都只能重新涂刷了。

Q671 墙面刷完乳胶漆后坑坑洼洼，该怎么修补?

墙面刷完乳胶漆后坑坑洼洼，说明刷漆前墙面没有修补好。只能重新用腻子补平，再打磨刷漆。

Q672 刷完乳胶漆的墙面看起来越光滑越好吗?

喷涂施工完的墙面的确越光滑越好，但滚涂施工完的墙面多少会有点滚花印迹，如果非常光滑反而意味着乳胶漆中水分过多，漆的黏性会下降导致很容易掉漆，与此同时漆膜变薄，弹性下降，对墙的保护作用降低，难以实现对腻子层的完美覆盖。

Q673 用手摸墙感觉有白粉，是不是因为施工不到位?

这种白粉多为施工过程中吸附在墙上的灰尘。即使乳胶漆质量差，水分大、乳液少，施工后一两年墙面用毛巾能擦出白粉，用手摸也是不会掉粉的。但是一般施工 24 小时后才能摸，特别是施工温度 5 摄氏度以下，最好一周后再摸。

Q674 用的深色乳胶漆，涂一遍感觉有点浅，多涂几遍会不会变深?

深色漆中的钛白粉含量相对浅色漆更低，所以覆盖力反而比不上浅色漆，实践中也不存在多涂几遍颜色更深的情况。但的确深色漆要比浅色漆更需要多涂几遍，因为只有这样漆膜厚度才能均匀。

Q675 乳胶漆喷完什么效果算是合格?

（1）从墙的边角观察，整个墙面平整，表面没有坑坑洼洼的洞或是其他杂质。

（2）墙上没有刷痕，也没有流坠等现象。

（3）墙面的色彩一致，没有发黄、发灰的情况。

Q676 夏天可以刷漆吗?

漆的干燥、结膜效果取决于气温和湿度，不同类型的漆有其最佳的成膜条件，通常溶剂型漆宜在 5~30 摄氏度的气温条件下施工，水乳型漆宜在 10~35 摄氏度的气温条件下施工。而夏季过热的天气则会使漆干燥过快，并使其耐久性受到影响。

Q677 家里贴了墙纸应该怎么验收?

（1）是否粘贴牢固，表面色泽是否一致。

（2）是否有气泡、空鼓、裂缝、翘边、皱褶和斑污。

（2）表面是否平整、无波纹起伏。距离 1 米处目测不得有明显缝隙。

（4）边缘是否平直整齐，有无毛刺。

Q678 贴完墙纸后发现装修师傅忘贴顶角线了怎么办?

贴墙纸的墙面上，没有顶角线是不好看的。如果忘记了，只能用木质材料补做顶角线，油漆既可以是浑水漆，也可以是清水漆，这个要看门与门套是用哪种油漆，形成相同的风格就行了。这个时候增加顶角线，不宜使用石膏线条，因为安装石膏线条会污染到墙纸。

Q679 墙纸贴好却发现接缝处翘起来了，怎么办?

（1）使用温水把墙纸背面的胶水溶解并刮掉。

（2）待墙纸干燥后，使用胶水涂刷在墙纸背面或者墙面上（根据材质确定）。

（3）使用墙纸软化器加热墙纸，使墙纸变软。

（4）用刮板将墙纸裱糊在墙面上，并继续加热。

（5）使用湿毛巾冷敷，通过快速变冷使墙纸定型。

Q680 贴墙纸发现有色差怎么处理？

如果墙纸已经贴好了，可以在色差严重的墙面挂一些装饰画等配饰，转移注意力。如果在贴的过程中发现有色差，必须立即终止施工。

Q681 贴完墙纸发现有气泡怎么补救？

可以往气泡处灌胶水，将墙纸贴紧。或者用针在壁纸表面的气泡上扎眼，释放出气体，用针管抽取适量的胶黏剂，注入针眼中，再用刮板压实。

Q682 墙纸施工完发现被刮破了怎么办？

（1）先判断墙纸撕下的大小，如果不是很明显，可以直接用专业的墙纸胶补充并粘贴就行了，然后用刮刀或者一些平整的书籍类的东西压一下刚粘贴的墙纸。

（2）将破洞的墙纸部分用美术刀切割下来，然后用同样的墙纸，并且按照花纹衔接，切割一块进行修补，尽量做到花纹对接自然。

Q683 家里刷了硅藻泥怎么判断师傅做得好不好呢？

（1）摸上去应该没有尖锐的棱角和刺手感，反而会有松软感，墙体偏暖。

（2）可以用喷壶在同一位置喷 15 下以上，没有水流为合格。

（3）表面没有明显的水印或者小缝隙。

其·他·施·工·验·收

Q684 家里请了木工师傅，怎样验收木工活？

（1）检查用的板材是否达到国家规定的环保标准。

（2）看师傅是否给板材涂刷防火、防腐材料。

（3）检查地板用的龙骨是不是平直，没有弯曲现象。

（4）看成品的表面是否平整、有无起鼓或破缺。

Q685 卧室做了软包，应该检查哪些地方？

（1）所用面料和填充料的材质、规格以及整体尺寸，是否符合设计要求。

（2）是否紧贴墙面，有无色差。

（3）接缝是否严密，有无翘边和褶皱。

（4）表面是否干净，拼缝处花纹是否吻合。

Q686 橱柜做完了要怎么验收?

（1）造型、结构和安装位置应符合设计要求。

（2）表面应砂磨光滑，不应有毛刺和锤印。

（3）采用贴面材料时，应粘贴平整牢固，不脱胶，边角处不起翘。

（4）橱柜门安装牢固，开关灵活，下口与底片下口位置平行。

Q687 做完吊顶检查发现表面板变形了是怎么回事?

（1）石膏板破损的地方未剔除。处理办法：在封面时，须选用质量好、收缩率小的石膏板，去掉有破损的部分。

（2）石膏板质量不佳，干燥后收缩大。处理办法：板块之间预留缝隙应符合要求，并做V形处理。

Q688 集成式吊顶做验收要检查什么?

（1）看边角线水平度是否良好，90度角是否无缝隙、无明显扭曲现象。

（2）看扣板的整体平整性以及扣板相互之间的缝隙，目视其是否良好。

（3）检查浴霸、排风的固定点，是否在原有建筑顶面上，而不是直接固定在吊顶上。

（4）打开浴霸开关观察一段时间，应在打开灯暖15秒后，能够有明显的热感。

（5）查看换气、取暖模块的位置是否合理，打开时是否没有明显的噪声。

（6）在距风暖1.8~2米的中央位置应能够感受到有热风。

Q689 门窗安装完以后要怎么检查呢?

（1）窗框没有大面积划痕，型材无开焊、断裂。

（2）密封条与玻璃及玻璃槽口的接触平整，没有卷边、脱槽。

（3）半闭时，扇与框之间无明显缝隙，密封面上的密封条应处于压缩状态。

（4）单层玻璃不得直接接触型材，双层玻璃夹层内不得有灰尘和水汽。

Q690 检查推拉门窗的时候发现滑动时不走直线?

可能是上、下轨道或轨槽的中心线未在同一垂面内。应调整轨道位置，使上、下轨道或轨槽的中心线铅垂对准。

Q691 精装房装的是滑动推拉门，需要检查哪里呢？

反复滑动推拉门的目的是检测推拉门的滑轨与滚轮的质量好坏。滑动时，感觉推拉门滑动轻松、无阻塞感，说明推拉门的质量较好；反之，说明推拉门的滑轨质量较差，时间久容易损坏。

Q692 固定门的时候在门框里面塞小木块有什么用？

（1）打发泡胶的时候，它可以起到固定的作用。

（2）如果发现门框歪了一点的话也可以通过小木块进行微调，以确保门框垂直。

Q693 如何验收排风扇安装？

（1）检查一下稳固性，用手搬动有没有晃动现象。

（2）用手或杠杆拨动扇叶，检查是否有过紧或擦碰现象，有无妨碍转动的物品。

（3）打开开关，听运转中有无异常声响。

Q694 对于燃气管怎么做安全测试？

（1）报警器：通电预热3分钟后绿灯发光稳定表示报警器工作正常。如果报警器发出“嘟嘟”声及红灯闪烁，但在绿灯亮之前消失，属于正常现象。

（2）肥皂泡沫实验：将燃气打开，用肥皂水涂抹在容易泄漏的部位，如果起泡就说明有破损在漏气。尤其应注意计量表进出气口、自行加的延长管线和接口处等位置。

Q695 如何快速检测烟道是否通畅？

在烟道的开孔处附近点燃废弃的报纸，或者可以利用香烟冒出的烟雾，看烟雾是否被烟道吸进去。若烟雾被快速地吸进去，说明烟道通畅。

Q696 如何判断烟道管壁是否达到标准厚度？

在烟道的开孔处，双手触摸烟道的内外两侧，感受烟道管壁的厚度。如果管壁的厚度不足一个手指宽，则说明质量不合格。

Q697 如何判断烟道开孔高度是否合理？

烟道开孔的高度应满足的条件是，在后期装修中其位置可以隐藏在集成吊顶的里面。开孔的位置应靠近管壁的中央，且开孔不宜过大。

如何检测燃气管道的牢固度?

在轻微地晃动燃气管道时，看管道的支架与墙体固定处的螺丝是否松动。看燃气表的固定是否牢固。

Q699 燃气安装怎么验收是否达标?

（1）位置：燃气表宜靠近燃气管设置，安装距离地面宜大于 1400 毫米，最低高度应大于 200 毫米。

（2）穿墙：燃气管线穿越墙、楼板必须采用套管敷设，并且宜与套管同轴，套管内不设任何形式的连接接头。

（3）报警器：家庭燃气管线宜设置燃气报警器，并且宜设置电磁阀，电磁阀应能与燃气报警器联动。

Q700 厨房台面如何验收呢?

（1）牢固度：台面与地柜的结合要牢固，没有松动现象。

（2）平整度：用水平尺检查平整度，要完全水平，否则后期容易开裂。

（3）接缝：台面应看不到接缝处的胶水线，手摸感觉不到明显的错缝。

（4）后挡水：台面的后挡水与墙面的间隙小于 3 毫米，并用密封胶封闭。

Q701 橱柜柜体应该如何检查?

（1）牢固度：晃一晃柜体看安装是否牢固。

（2）平整度：用水平尺测量地柜是否水平。

（3）封边：优质橱柜的封边细腻、光滑、手感好，封线平直，接头精细。

（4）防水铝箔：装有水槽的柜体底板要贴有整张防水铝箔，且三边要上翻 1 厘米，可防止水槽或管道的冷凝水侵蚀柜体。

Q702 锁具怎么检查?

（1）锁具开槽是否准确、规范，大小与锁体、锁片一致。

（2）安装是否正确，有无反装。

（3）锁的两边安装是否对应、无错位。

（4）使用是否灵活，能够顺利进行反锁与开锁的动作，开锁自如无异响。

Q703 拉手类的五金怎么验收比较好?

（1）检查拉手安装是否牢固。

（2）同一排拉手是否水平、同一列是否垂直。

（3）检查柜门或抽屉背面，看拉手的螺钉是否露出尖头。

（4）表面是否整洁，没有划伤。

Q704 如何验收踢脚线的接缝处?

（1）观察踢脚线与木地板的连接处是否有明显的缝隙。

（2）观察踢脚线与踢脚线连接处的缝隙是否吻合。踢脚线的接缝处不严密，在后期的使用中，缝隙内容易积灰，缩短踢脚线的使用寿命。

Q705 暖气罩的验收要注意什么?

（1）暖气罩的规格、尺寸及造型符合设计要求。

（2）暖气罩顶部结构牢固，木龙骨及饰面板符合细木工制作用料标准，木制品表面涂刷质量符合细木工制作要求。

▲暖气罩可以遮挡暖气片，起美化作用

第六章

软装设备选购

家具、电器也是装修预算中的“大头”，这些俗称的“大件”价格都不算便宜，如果一开始就选错，那么除了另外花钱重新购置外，就只能忍受，新家也住的让人难受。家具设备的购买，除了要辨别真伪，还要保证能符合日常生活需求和人体工程学要求，这样才能带来舒适感。

家·具·选·购

Q706 劣质家具都有哪些特征?

（1）柜类家具的柜体结构松散，榫结合部位不牢固，有断榫、断料情况发生。

（2）木材含水率高，家具内部使用腐朽木材或昆虫尚在侵蚀的木材。

（3）用料严重不合理，使用刨花板条、中密度板条做衣柜的门边、立柱等承重部件。

Q707 如何选购木质家具?

（1）轻压家具的各个受力点，如柱脚、抽屉、门扇、架子支撑等处，测试是否稳固。

（2）注意重型家具组件的接口处应有用螺钉紧固或胶合的加固件。

（3）检查抽屉的滑动和定位，打开所有的门扇、抽屉，确保安装得当，使用时无碍。

（4）仔细检查家具的表面是否有划痕，弯角处的抛光漆是否涂得均匀，是否有裂痕等。

Q708 怎么判断家具是否真的为实木制成?

主要查看门板和侧板，可以从以下几个方面分辨出来。

（1）节疤：看好疤痕的所在位置，再在另一面找是否有相应花纹。

（2）木纹：外表看上去是一种花纹，那么相应这个位置，在柜门的背面看是否有同样的花纹，如果对应得很好则是纯实木。

（3）截面：截面的颜色要比面板深，而且可以看出是整块木头制作的。

Q709 纯实木家具刚买回来时会有味道吗?

一般来说，纯实木家具刚买回来时应该是没有什么味道的，如果有，也是木材本身的味道。但是表面刷了漆的实木家具肯定会有味道，这主要是油漆的味道。

Q710 如何选购红木家具?

家具的各木质部件（镜子托板除外）均采用同一种红木树种，内部及隐蔽处可使用其他近似的非红木树种材料；产品外表的目视面可采用红木树种实板，不外露的木质部件采用其他非红木树种材料或红木贴面夹板制成。

Q711 如何分辨真假红木?

真正的红木本身就带有紫红色、黄红色、赤红色和深红色等多种自然红色，木纹质朴美观、幽雅清新。制作成家具后，虽然上了色，但木纹仍然清晰可辨；真的红木家具坚固结实，质地紧密，比一般杂木还要重。

Q712 实木与板材的材质区别对手绘家具有什么影响?

板材材料由于不易变形，没有伸缩裂缝，更加适合手绘家具，实木家具如果保管不善容易出现图案龟裂的现象，影响使用，因此，手绘家具多采用板木结合或者板材材质。

Q713 如何选购板式家具?

（1）看五金连接件。金属件要求灵巧、光滑、表面电镀处理好，不能有锈迹、毛刺等，配合件的精度要高。塑料件要造型美观，色彩鲜艳，使用中的着力部位要有力度和弹性，不能过于单薄。开启式的连接件要求转动灵活，这样家具在开启使用中就会平稳、轻松、无摩擦声。

（2）看封边贴面。良好的封边应和整块板材严丝合缝。

（3）看板材质量。仔细查看板材边、面的装饰部件上涂胶是否均匀，粘接是否牢固，修边是否平整光滑，旁板、门板、抽屉面板等下口处的可视部位端面是否进行封边处理，装饰精良的板材边廓上摸不出粘接的痕迹。拼装组合主要看钻孔处企口是否精致、整齐，连接件安装后是否牢固，平面与端面连接后T形缝有没有间隙，用手推动有没有松动现象。

Q714 如何选购藤编家具?

（1）如果藤材表面起褶皱，说明该家具是用幼嫩的藤加工而成，韧性差、强度低，容易折断和腐蚀。

（2）在购买时可以用手掌在家具表面拂拭一遍，如果很光滑，没有扎手的感觉就可以，也可以双手抓住藤家具边缘，轻轻摇一下，感觉一下框架是不是稳固。

（3）观察家具表面的光泽是不是均匀，是否有斑点、异色和虫蛀的痕迹。

Q715 如何判断手绘家具的品质?

封漆工艺是决定手绘家具价格的重要因素，绘图后的封边和封面直接决定了此件手绘家具的价值，平整和耐磨是两个重要的衡量标准。

Q716 如何鉴别铝合金家具优劣?

（1）看铝合金骨架的壁厚程度，厚者为佳，承受力强，不容易损伤，也不会瘫软变形。壁薄者为劣品，只要用手指钳着管口，用力一捏，管口便会变形。

（2）从着色上分析。因为铝合金骨架是通过铝阳极氧化和电解着色工艺使色泽渗到铝合金内，无论用火烧或太阳晒，都不会变色或褪色。

Q717 购买仿制古典家具应注意什么问题?

要在材质上分清树种。选购时，要仔细检查家具的每一处外观和细部，如古典家具的脚是否平稳，呈水平状；榫头的结合紧密度，查看是否有虫蛀的痕迹；抽屉拉门开关是否灵活；接合处木纹是否顺畅等。

Q718 如何选好适合儿童成长的家具?

儿童家具的选购上要注意其稳固性和环保性，如果家具不够稳固，就很容易出现意外，而搁放东西的高架如被扳倒，也会砸到幼童。家具的材质应取自天然环保又不会对人体有害的物质。儿童家具应该使用的是无铅、无毒、无刺激的漆料。

Q719 买软包沙发椅背高度怎么选?

市场上的软包沙发椅背高度大致有三种：高椅背、中椅背、低椅背。高椅背能够提供颈部、腰部、背部三处的支撑，舒适程度最高。

Q720 摸起来都很软的沙发可以买吗?

沙发的坐垫、靠背、扶手等支撑的身体部位不同，所以沙发的软硬程度也应该不同。沙发不同部位的柔软程度（从软到硬）：颈部 > 膝窝 > 背、腰部 > 臀部。

Q721 坐下去有很强“陷落感”的沙发好吗?

建议不要买，这样的沙发太软，回弹力不够，容易让身体失去平衡，并且不利于调整坐姿。

Q722 布艺沙发的填充物是乳胶好吗?

乳胶沙发的弹性好，不过价格十分昂贵，而且经常供不应求。不论是天然乳胶，还是合成乳胶，它们的基本成分相似，但所谓的 100% 天然乳胶本身就不存在。

Q723 沙发面料哪种最舒服?

市场上常见的沙发面料，舒适程度（从高到低）：真皮 > 布艺 > 人造革 > 长毛绒面料。虽然真皮面料舒适程度最高，但价格昂贵。相比较而言，布艺面料不仅透气性好，价格亲民，而且花色多，所以性价比更高。

Q724 如何选购布艺沙发?

（1）看面料是专用沙发面料，还是普通面料，主要看厚度和抗拉强度。

（2）看框架的整体牢固度，重量轻者说明所用木材和填充料不到位。

（3）拉开活套，用手挤压海绵和蓬松棉，并多次坐靠，体验舒适程度和回弹强度。

Q725 真皮沙发比布艺沙发更舒服吗?

研究证明，当室温 20 摄氏度时，身体与真皮面料沙发接触的舒适度最高，是因为真皮面料的亲肤感强，摸起来细腻柔软、有弹性。

Q726 如何选购真皮沙发?

真皮沙发重点关注背部和下部外表。非品牌厂商很容易在这些地方以假乱真，以劣充优。质地柔软、手感润滑、厚薄均匀、无皱无斑为上等皮革。另外，还要仔细观察外露木质部分，它的做工精细程度和运用曲线的水平是衡量其价值的重要因素。

Q727 如何区分真皮沙发和人造皮沙发?

真皮表面有较清晰的毛孔、花纹，手感滑爽、柔软、富有弹性，但现在的仿真技术很高，几乎达到以假乱真的地步，许多皮革表面的人造毛孔也很清晰，但人造的皮革毛孔一般来说较均匀，而真皮的毛孔大小分布不均，这可作为一个判别的主要依据。

Q728 半皮沙发可以买吗?

现在很多商家标榜的真皮沙发实际上就是半皮沙发，就是与人体接触部分的面料是真皮，其他部位则是人造皮，比如底部、背部等。如果预算有限，可以考虑半皮沙发，坐上去也是比较舒服的，但是价格却没有真皮的高。

Q729 家里有小朋友应该买哪种沙发?

建议买布艺沙发，因为如果弄脏、弄破，可以进行拆洗更换，平常打理也比较方便，可以用吸尘器直接吸尘。

Q730 老年人适合买哪种沙发?

老年人腿部肌肉力量退化，起身困难，倾向选择硬度大一点、带有扶手的沙发。

Q731 家里人个子高怎么挑到合适的沙发?

沙发的进深决定了不同身高的人坐着是否舒服。市面上沙发进深常见的尺寸是 95 厘米，这种进深适合身高在 1.7 米以下的人。身高在 1.7 米以上的人最好选择进深为 105 厘米的沙发，这样才能彻底缓解背部的紧张状态。

Q732 家里养了宠物该怎么选沙发?

对于有宠物的家庭，皮沙发和布艺沙发都会有被抓破的可能，其实可以考虑一种叫作“科技布”的材质，它本质是布但是有皮的质感，不怕抓，且易清洁打理。

Q733 如何选购最合适的茶几尺寸?

确定茶几的尺寸应以与之相配的家具为参照。沙发前的茶几高度通常在 40 厘米左右，桌面以略高于沙发的坐垫为宜，最高不要超过沙发扶手的高度；茶几的长宽比要视沙发围合的区域或房间的长宽比而定。

Q734 家里有儿童，适合选择什么样的家具?

所有的家具尽量避免有尖锐的棱角，如果是圆弧边角的最佳，可以避免磕碰，款式可以可爱、颜色可以鲜艳一些。高低床或子母床就非常适合儿童，不仅可以睡眠，还能储物、娱乐，很符合儿童的年龄特点，材料方面应特别关注环保指数，对比来说实木材料的更环保，例如原色松木。

Q735 怎么看实木床架的好坏?

实木床架的好坏一是要看是不是用的 E1 级的环保材料，二是看骨架间隔密度，一般间隔不超过 6 厘米，三是看两端是否增加了固定装置，以加强安全性。

Q736 该如何选购实木床?

（1）看相应位置的花纹和疤结是否对应。先看床体外侧的花纹，再看相应位置的背面是否有相应的花纹，如果对应得好，则是纯实木的；然后看床体外侧疤结的所在位置，再在另一面找是否有相应的疤结。

（2）看实木是否有开裂、结疤、虫眼、霉变等情况。

（3）如果看到一款实木床整体只是用螺丝来固定的，最好不要购买。

（4）看是否有刺激气味，如果有，很可能是实木床表面所刷油漆含的甲醛过量。

（5）要有保修卡。虽然说实木床很坚固，一般不会有什么质量问题，但是为保证我们的合法权益，一定要求产品有保修卡。

Q737 买榻榻米什么材料最好?

实木板最佳，但价格较贵。细木工板次之。

Q738 选床头柜只用看“颜值”吗?

以功能优先的床头柜可不单单看颜值，更应该考虑的是合适的尺寸和空间需要的储物容量。

Q739 如何选购床头柜?

床头柜应该整洁、实用，不仅可以摆放台灯、镜框、小花瓶，还可以令人躺在床上方便地取放任何需要的物品。床头柜的柜面要足够放下一盏台灯、一个闹钟、几本书、眼镜、水杯等常用物品。最好选择带有抽屉或搁板的床头柜，这样一些物品在不用的时候可以随手放进抽屉。

Q740 判断衣柜好坏的标准是什么?

（1）是否拥有专业化工厂。品牌衣柜大多拥有专业的工厂与现代化的机器设备，可进行流水线生产加工和现场组装调试。

（2）衣柜的设计风格。好的衣柜不仅能体现主人的个性、修养和审美观，同时还能为主人营造一个悠闲温馨的睡眠氛围，因此它的设计风格非常重要。

（3）产品的生产工艺。衣柜生产工艺的好坏主要可以从衣柜的封边以及衣柜各配件的导轨连接是否顺畅牢固看出。封边一般要求与上下面紧密接合且没有刮花；抽屉、裤架、格子架、推拉镜在拉动时不能摇晃且应顺畅，能完全拉出并定位，在拉动时手感好。

（4）是否有完善的售后服务。只有实力强、规格大的厂家才能有良好的信誉，才有能力做到优质的售后服务。

Q741 成品衣柜搁板越多越好吗?

不是。一层又一层的搁板把一个完整的空间分得小小的，设计的出发点是“折叠的衣服分开放，易拿取”，然而使用时拿一件衣服容易带倒一摞，整理起来很麻烦。

Q742 买带可移动搁板的衣柜好还是买不带的好?

买带可移动搁板的衣柜好。因为搁板可以灵活拆卸、调整高度的话，冬天来的时候就把短衣区的搁板拿掉，不用担心长款的衣物没有地方挂。

Q743 卫生间的镜柜是选开放式的还是选封闭式的?

封闭式镜柜虽然看上去更加整洁美观，不过使用起来，体验却比不上开放式镜柜那么轻松方便。如果是平开式封闭镜柜，洗完脸去拿护肤品时，可能就会在镜面留下湿漉漉的指印。而且打开镜柜时，镜子本身的功能也就暂时丧失了，这对于需要不停拿取护肤品，同时依旧需要照镜抹匀的日常护肤步骤来说，并不合适。所以选择部分开放的款式，是不错的选择。

布·艺·织·物·选·购

Q744 窗帘挑什么颜色最保险?

挑和墙壁相近的颜色最保险，灰蓝色、灰粉色等低纯度的色彩也比较适合，但如果有全遮光的需求，则是颜色越深效果越好。

Q745 怎么选到合适的窗帘呢?

四爪钩打褶窗帘

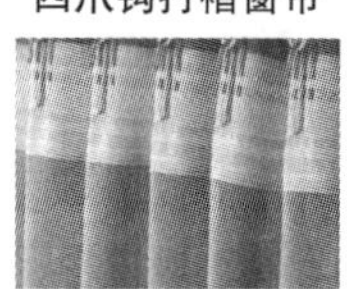

优点	褶子能拉平，容易清洗
缺点	拆卸比较麻烦
适用	罗马杆、轨道，用布率 1.8~2 倍

打孔窗帘

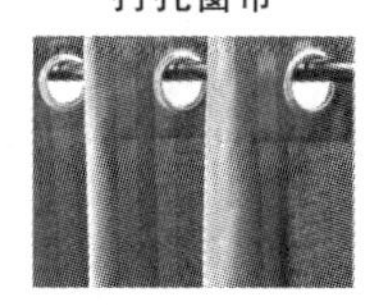

优点	安装方便
缺点	价格较贵
适用	罗马杆，用布率 1.5~2 倍

吊带窗帘

优点	拆卸非常简单，没有钩子
缺点	摩擦力大，拉起来不太顺滑
适用	罗马杆，用布率 1.5~2 倍

Q746 如何选窗帘图案?

如果房间面积不大，墙上、地上的装饰也不少，可以选纯色没有图案的窗帘；如果想要拉长层高的效果，可以选竖条纹图案的窗帘；儿童房的窗帘图案可以选择可爱一点的卡通形象。

Q747 窗帘选什么材质最适合?

光线充足的房间选棉麻比较实用，像卧室这种需要隔音、遮光的空间，可以选厚实、有质感的丝缎、天鹅绒窗帘；如果想要百搭，可以选聚酯纤维（涤纶）面料的。

Q748 喜欢复古感觉应选哪种窗帘?

天鹅绒面料质感柔和，看上去有光泽，色彩艳丽，垂感好，气场和轻奢复古更搭配。

Q749 窗帘应该选几倍褶皱的?

如果是纱帘选 1.6~2 倍的，倍数越高越有华丽感；普通窗帘 1.3~2 倍都可以；全遮光窗帘建议选 1.8~2 倍褶皱，不然容易漏光。

Q750 买窗帘怎么确定长度?

窗帘长度 = 窗框宽度 × 褶皱倍数。

【一般的窗帘都是确定高度计价的，只需要测量窗户的宽度即可，如果窗户两侧还有墙的话一般会选择全覆盖】

Q751 买窗帘是配导轨好还是罗马杆好?

导轨可直可弯，存在感低，但要搭配四爪钩、S 钩等小挂钩使用，拆装窗帘的时候会比较费时间。罗马杆一般是直杆，存在感强，可以直接把窗帘穿起来，拆卸方便。

Q752 窗帘是打孔好还是挂钩好?

打孔的窗帘加工费贵，但容易拆洗；挂钩的窗帘加工费低，有时已经包含在窗帘的价格里了，但是拆洗比较麻烦。

Q753 想要抗晒又保温一点的窗帘选哪种?

可以选聚酯纤维（涤纶）面料的窗帘，因为其最高可消除 86%的太阳辐射，并且冬天北向没有光照的时候，能起到保暖的作用；西向夏天日晒，能隔绝室外的阳光和温度，确保冬暖夏凉。

Q754 想要更高的遮光保温效果，选哪种窗帘?

可以选内衬有遮光布的窗帘，保温隔热效果更好，遮光效果也更佳。

Q755 想稍微透点光，但又能保证隐私感的选哪种窗帘?

可以选棉质、亚麻面料的，即使偶尔拉上窗帘，阳光也能隐隐地透过来，照亮整个房间。

Q756 选购窗帘时如何防甲醛?

（1）闻异味，如果产品散发出刺鼻的异味，就可能有甲醛残留，最好不要购买。

（2）挑选颜色时，以选购浅色调为宜，这样甲醛、色牢度超标的风险会小些。

（3）在选购经防缩、抗皱、柔软、平挺等工艺的布艺和窗帘产品时也要谨慎。

Q757 卧室窗帘与客厅窗帘的选购有哪些区别?

卧室窗帘相对于客厅窗帘，更注重隔音性和遮光性。常以窗纱配布帘的双层面料组合为多，一来隔音，二来遮光效果好，同时色彩丰富的窗纱会将窗帘映衬得更加柔美、温馨。此外，还可以选择遮光布，良好的遮光效果可以令家人拥有一个绝佳的睡眠环境。

Q758 家里有宠物应该选哪种窗帘?

首先可以选罗马杆，挂起窗帘来比较结实，不容易被宠物扯掉。其次，窗帘材质可以选质感粗糙的，这样起球不明显。

Q759 如何挑选百叶帘?

（1）转动调节棒，打开叶片，看看各叶片的间隔是否匀称，各叶片是否无上下弯曲的感觉；当叶片闭合时，各叶片都要相互吻合，而且无漏光的空隙。

（2）窗帘的颜色、叶片以及所有配件的颜色都要保持一致。

（3）质量好的百叶窗帘都是光滑平整，而且无刺手、扎手的感觉。

（4）叶片打开后，可用手下压每个叶片，然后迅速松手，看看各叶片是否能够立即恢复水平状态，而且无弯曲现象出现。

Q760 床上用品买哪种面料最舒服?

长绒棉。相比天丝、蚕丝的昂贵和亚麻的易皱，长绒棉不仅价格便宜而且摸上去非常舒服，棉花纤维越长，床品就越透气也更柔软，一年四季都适合。

Q761 怎么选床品的支数?

床品支数越高，纱线越细，纺织出来的床品才能越柔软顺滑。一般家庭使用选60~80 支的就足够了。

Q762 怎么根据密度选床品?

一块布的密度高，肯定更厚实，一般支数高的床品，密度也高，一般家庭使用的话，选密度 300 以上的就可以了。

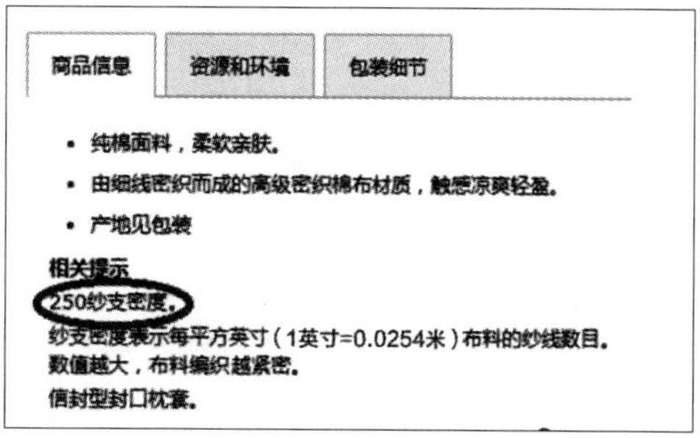

Q763 怎么挑选给孩子用的床上用品?

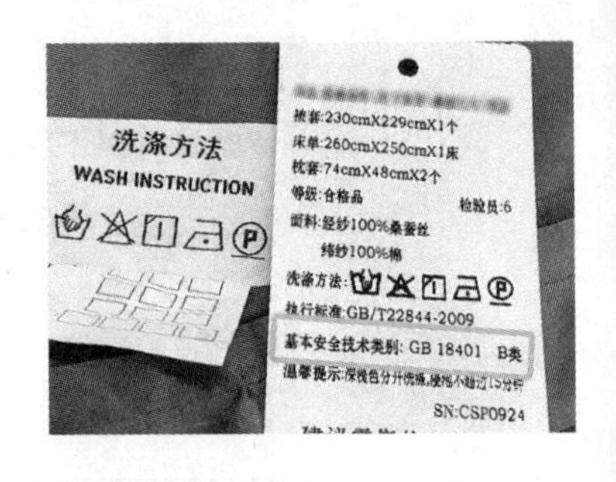

在衣服、床单等纺织产品的标签上都会有个安全级别，分为 A、B、C 三类。A 类是指婴幼儿用品；B 类是指直接接触皮肤的纺织品；C 类是指非直接接触皮肤的纺织品。所以可以根据孩子的年龄选择 A 类或 B 类的床上用品。

Q764 羽绒被可以只看蓬松度吗?

可以，因为只有好绒，才能做到高蓬松度。市面上的羽绒被大多是 600+ 的蓬松度，好的能做到 750+，这种规格的双人被一般在 3000~5000 元。

Q765 怎样根据外观质量来判断地毯的优劣?

地毯的毯面是否平整，毯边是否平直，有无瑕疵、油污、斑点、色差，尤其是在选购簇绒地毯时要查看毯背是否有脱衬、渗胶等现象，避免地毯在铺设和使用中出现起鼓、不平等现象，从而失去舒适、美观的效果。

Q766 如何根据地毯纤维的性质来判断地毯的优劣?

简单的鉴别方法一般采取燃烧、触摸和观察相结合的方法。棉的燃烧速度快，灰末细而软，其气味似燃烧纸张，其纤维细而无弹性，无光泽；羊毛燃烧速度慢，有烟有泡，灰多且呈脆块状，其气味似燃烧头发，质感丰富，手捻有弹性，具有自然柔和的光泽；化纤及混纺地毯燃烧后熔融呈胶体并可拉成丝状，手感弹性好并且重量轻，其色彩鲜艳。

Q767 如何选购羊毛地毯?

（1）看外观。图案清晰，绒面有光泽，色彩均匀，花纹层次分明，毛绒柔软。

（2）摸原料。优质纯毛地毯一般由精细羊毛纺织而成，其毛长而均匀，手感柔软，富有弹性，无硬根。

（3）试脚感。优质纯毛地毯脚感舒适，踩后很快便能恢复原状。

Q768 如何选购混纺地毯?

（1）地毯色彩要协调。把地毯平铺在光线明亮处，观看全毯，颜色要协调，不可有变色、异色之处，染色也应均匀，忌讳忽浓忽淡。

（2）整体构图要完整。图案的线条要清晰圆润，颜色与颜色之间的轮廓要鲜明。优质地毯的毯面不仅平整，而且线头密，无缺疵。

（3）查看“道数”是否符合标准。通常以“道数”（经纬线的密度——每平方英尺打结的多少，1 平方英尺 =0.092903 平方米）以及图案的精美和优劣程度来确定档次。其中 90 道地毯，每平方英尺手工打 8100 个毛结；120 道地毯，每平方英尺手工打 14400 个毛结；150 道地毯，每平方英尺手工打 22500 个毛结。道数越多，打结越多，图案就越精细，摸上去就越紧凑，弹性好，其抗倒伏性就越好。

Q769 如何选购挂毯?

观察图案是否精致，形象是否美观正确，色彩是否协调。再看毯型是否平整、方正；毯面是否有污渍和瑕疵等，以避免买到品质低下、粗制滥造的挂毯。

灯·饰·挑·选

Q770 灯具是选黄光好还是白光好?

如果是学习所用，最好选带点黄光的灯，因为纯白光的灯会给人的眼睛带来伤害，引起视觉疲劳，从而降低视力。

Q771 如何选到好用的吸顶灯?

看镇流器。所有的吸顶灯都是要有镇流器才能点亮的，镇流器能为光源带来瞬间的启动电压和工作时的稳定电压。镇流器的好坏，直接决定了吸顶灯的寿命和光效。要注意购买配备大品牌、正规厂家生产的镇流器的吸顶灯。

Q772 吸顶灯选哪种面罩的比较好?

目前市场上吸顶灯的面罩多是塑料罩、亚克力罩和玻璃罩。其中，最好的是亚克力罩，其特点是柔软、轻便、透光性好，不易被染色，不会与光和热发生反应而变黄，而且它的透光性可以达到 90% 以上。

Q773 如何选购壁灯?

选壁灯主要看结构、造型，一般机械成型的较便宜，手工的较贵。铁艺锻打壁灯、全铜壁灯、羊皮壁灯等都属于中高档壁灯，其中铁艺锻打壁灯销量最好。

Q774 筒灯该如何选购?

(1) 灯头的选择。选择筒灯灯头是比较重要的一个环节。灯头的主要材质是陶瓷，里面的簧片是最重要的，有铜片和铝片两种。好的品牌采用的是铝片，并在接触点安装有弹簧，可以加强接触性。

(2) 灯头的电源线，好的品牌是采用三线接线灯头(三线即火线、零线、接地线)，有的会带上接线端子，这个也是区分筒灯好与普通的一个很基本的方法。

(3) 反光杯的选择。反光杯一般分砂杯和光杯两种，材料为铝材，铝材不会变色，而且反光度要好些。有的小厂家会通过喷塑把塑料粉末喷涂到灯具上。这种工艺新做的看起来很好，但过段时间就会变暗，甚至发黑。鉴别方法就是看切割处的齐整度，铝材的切割面很整齐，喷塑则相反。

Q775 怎样选购 LED 筒灯?

(1) 看光效。同样的灯珠功率，光效越高，亮度越高；同样的照明亮度，耗电越小就越节能。

(2) 看电源效率。电源效率越高越好。越高，说明LED 筒灯电源本身的功耗越小，输出的功率越大。

(3) 看功率因数。功率因数低，说明使用的驱动电源、电路设计不好，使用再好的灯珠，寿命也长不了。

Q776 LED 灯具有什么好处?

(1) 点亮无延迟，响应时间更快。

(2) 发光纯度高，无需灯罩滤光。

(3) 发热量很小，对灯具材料的耐热性要求不是很高。

(4) 光束集中，更易于控制，且不需要用反射器聚光。

(5) 耗电量低，省电节能。

(6) 超长寿命，正常使用在 6 年以上。

Q777 LED 防眩灯怎么选?

选择灯泡藏得深的；选择显色指数大于 95 的；选择有售后保证的。

空·调·通·风·设·备·挑·选

Q778 怎么根据通风量选新风系统?

新风本质就是一个通风换气的系统，所以通风量是最重要的。国家推荐的通风量是每人每小时 30 立方米新鲜空气，小户型按此计算没有问题。另一种方式是参照每小时 0.6~1 次全屋换气的标准，用套内面积乘以层高，比如 60 平方米的家大约是 60×2.6=156 立方米的空间，需每小时 94~156 立方米的通风量。两种计算方式都要算上 70%~75% 的风损耗量。目前市场上主流的新风通风量是每小时 100~350 立方米，可以根据上述的公式进行挑选。

Q779 新风系统哪种过滤网比较好?

目前新风系统的过滤分为静电集尘盒和过滤网两种。

静电集尘盒不用更换，洗洗就好，但是副作用是会产生臭氧，有可能会过量。

过滤网则是主流，用的材料和空气净化器一样，需要定期更换。

Q780 新风系统可以过滤细颗粒物（PM2.5）吗?

并不是所有新风系统都有这个功能，过滤细颗粒物（PM2.5）只是新风的附赠功能，某些品牌就没有高效过滤，只能做到中效（花粉）甚至初级过滤（灰尘），所以购买时需要咨询清楚滤材的等级。

Q781 到底该买几匹的空调?

空调匹数其实指的是输入功率马力，不能代表精准的制冷量。但由于各种原因，在空调市场中衍生出了“1 匹相当于 2500 瓦制冷量”的说法。一般来说，居住用的房间每平方米需要 150 瓦左右的制冷量，16 平方米的房间需要 2400 瓦左右的制冷量。1 匹的制冷量约为 2500 瓦，那么一个 16 平方米及以下的房间用 1 匹的空调就够了。

Q782 怎么看空调能效?

对能效的理解一般是省电，反过来想一下，同样的电量，制冷更多就是性能更好。一般 1 级能效是最好的。

Q783 变频空调一定比定频空调省电吗?

不一定。事实上开不到 6 个小时以上，变频空调并没有比定频空调省电很多。而且定频空调开机就是全力输出，制冷效果其实更好。

Q784 风管机和中央空调有什么区别呢?

除了都是内嵌式的设计，最直观的区别就是中央空调是“一拖多”，一个室外机可以带很多个室内机，而风管机和分体式空调类似，只能“一拖一”，即一个室外机只能带一个室内机。中央空调、风管机和普通分体式空调除了看上去不太一样，内在的制冷原理都是相同的。

▲中央空调

▲风管机

Q785 如何选购中央空调?

（1）选系统。先综合考虑房屋的朝向、玻璃面积、层高、用途等，以此计算出每个房间的所需冷量：所需冷量 = 实际使用面积 × 单位面积制冷量。然后，根据所需冷量总和来选择适合的空调系统，还要考虑有无三相电、所放室外机位置的大小。

（2）室内机与风口。根据实际所需冷量决定型号，每个房间只需一台室内机或风口，如果客厅的面积较大，或呈长方形、L 形等，可以多加一台室内机或增加出风口。

（3）选择服务。选择大品牌的中央空调及实力较强的服务商，才能保证真正享受到具有舒适品质的中央空调，包括安装、售后服务等。

Q786 买空调的时候，销售说室外机越大、越重，效果越好，是真的吗?

这种说法有一定道理。铜管越多、越长，带有热量的冷媒经过的路径越长，散热就越好，相应的机器也就更大、更重一些。大多数中端机都是 1 排或 1 排半铜管，一些高端机用 2 排铜管，自然就散热效果更好，也更贵。所以在预算、参数差不多的情况下，在说明书中找一下内外机的净重，选室外机更重的。

厨·卫·设·备·挑·选

Q787 如何挑冰箱?

（1）300 升以上选变频压缩机，省电，温度控制精准。

（2）制冷模式，优先混冷，其次风冷，最后直冷。

（3）针对风冷，优先三循环，其次双循环，最后单循环。

Q788 家里到底该买多大的冰箱?

日常三餐为中式家常菜的话，按照每人 80~100 升，普通三口之家用 300 升冰箱就足够了。

Q789 买冰箱分不清单循环、双循环和三循环?

单循环，就是一个蒸发器，风从蒸发器吹出来，在冰箱内部“逛”一圈，再被蒸发器吸回去，整个冰箱的味道串在一起。

双循环，就是两个蒸发器，分管冷藏室和冷冻室，制冷更快，两个空间不串味，很多中高端机型都有。

三循环，就是三个蒸发器，分管冷藏室、冷冻室、变温室，只用在高端机型。

Q790 滚筒洗衣机和波轮洗衣机哪种好?

（1）滚筒洗衣机

优点：智能、方便、功能多、用水量小、洗涤彻底、可嵌入式放置、对衣物的磨损小。

缺点：耗电量大、洗衣耗时长、噪声大、洗衣机本身易磨损、洗涤力小、价格略高。

（2）波轮洗衣机

优点：耐用、省电、体积小、洗涤力大、价格便宜。

缺点：用水量大、对衣物的磨损大。

Q791 买烘干机最主要看什么?

最主要看烘干方式。现在烘干机基本就是冷凝、热泵两种技术，独立冷凝式正在被市场逐渐淘汰。

Q792 买电热水器最主要看什么?

防漏电保护措施。目前电热水器市场上最通用的防漏电保护措施是防电墙技术，简单来说，就是在热水器和人体之间加了一个很大的电阻。就算发生电流泄漏，经过此电阻后也远远低于人体安全电压 36 伏。

Q793 怎么根据燃气选择热水器?

选择热水器前一定要先确定家中使用的是哪种燃气，然后选择相对应的机型。我们可以通过燃气热水器的型号来分辨，“JS”代表家用天然气快速热水器，“T”表示天然气，“R”表示人工煤气，“Y”表示液化气。

Q794 怎么知道买的热水器恒温效果好不好?

挑选燃气热水器非常重要的一点，就是恒温性能。判断的方法很简单，就是直接在说明书里找温度控制范围。通常能保持水温 5 摄氏度上下的都算恒温，中等的能够保持 3 摄氏度上下，好一些的能达到 1 摄氏度上下，甚至 0.1 摄氏度上下。

Q795 怎么挑热水器的排气方式?

（1）直排式：燃烧时产生的废气会排放在室内，具有很大的危险性。目前已被严禁生产销售。

（2）烟道式：技术成熟，价格低。但排气不彻底，有安全隐患。

（3）强排式：排风彻底，安全性高，是目前市场上的主流产品。但要安装在空气流通性好的位置，如有窗的半封闭阳台或非开放厨房，避免燃气泄漏带来的危险。

（4）平衡式：热水器壳体密闭，实现热水器运行与室内空气完全隔离，解决了燃气热水器有毒气体中毒问题。但价格偏高，安装也很复杂，对启动水压要求比较高，对高层用户来说比较不友好。

Q796 热水器内胆选什么材料的好?

热交换器是燃气热水器的核心加热部位，说是热水器的心脏也不为过，它直接决定着产品的寿命。市场上一般为无氧铜，或采用更高规格的磷脱氧铜，除此之外的其他材料一定要慎选。

Q797 储水式电热水器如何选购内胆?

目前市场上主要有两种：不锈钢内胆和搪瓷内胆。搪瓷内胆效果最好，不生锈，防吸瘪，还有强耐压性。

Q798 电热水器是选单管加热还是双管加热?

单管多见于低端产品，加热效率慢。双管多用于中高端产品，加热快。其中分离式双管加热还可以实现半胆或全胆加热，实用性更强，也更节能。

Q799 太阳能热水器怎么选?

选大容量或光电两用型。太阳能热水器受天气光照影响很大，所以选择升位时，要选大一些，至少是日常用水量的两倍，或选择光电两用型，这样才能保证阴雨天也能有充足的热水可以使用。

Q800 太阳能热水器的水管选什么材质的比较好?

太阳能热水器多在室外顶层安装，室外温度低，管道内热水温度高，势必会造成热损大和冻坏水管等问题。所以水管性能一定要好，最好选用交联管、铝塑复合管或增强塑料软管。

Q801 怎么选空气能热水器?

看升位。空气能热水器基本都是 150 升起步。2~4 人的小家庭选 150 升即可；5~7 人的大家庭就需要 200 升以上了；8~10 人多层别墅使用最好 300 升以上。

Q802 热水器该选多大的升位?

	1 人	2 人	3 人	3 人以上
小厨宝	10~15 升的热水器一般用于厨房洗碗、洗菜或者卫生间洗脸、刷牙用			
淋浴用水	40~50 升	50~60 升	80~100 升	120 升以上

Q803 抽油烟机风量不是越大越好?

按理来说，风量越大，吸得越快、越干净。但是，风量真不是越大越好。因为增加风量的同时，噪声等级也随之上涨。所以能用低风量解决就用低风量，普通家用的话，17~21 立方米 / 分就足够了。

Q804 想要买排烟效果好的抽油烟机怎么选?

那就要看风压。可以把风压理解为排力，不够大的话烟根本出不去，甚至可能发生油烟倒灌。风压主要看两个参数，一是规定风量时的标称静压，用来和其他抽油烟机横向对比排烟能力，相对公平。二是最大静压，代表抽油烟机能实现的最大排烟能力。

Q805 怎么选好清洁的抽油烟机?

可以重点关注一下油脂分离度，绝对不能低于 80%，越高越好，能达到 90% 更好，可以减少抽油烟机内部的油脂堆积。并且面板材质钢化玻璃比不锈钢好擦洗，表面光滑的比有格栅板的好打理。

Q806 洗碗机怎么选?

参数	建议选购
电机	变频
整体材质	不锈钢
清洁方式	喷淋
烘干方式	余温 + 热交换 + 晶管
软水器	有
光亮剂盒	有
温度	70 摄氏度左右
噪声	小于 50 分贝

Q807 洗碗机是选台上式、嵌入式还是水槽式?

（1）台上式洗碗机容易安装，只要接好上下水管就可以，但容量比较小，最多只能放 6 套餐具，适合两口之家使用。

（2）嵌入式洗碗机与橱柜融合在一起，显得厨房很整齐。容量较大，一般可以放至少 8 套餐具。缺点是不容易安装，需要在做橱柜时提前预留出空间。

（3）水槽式洗碗机是把洗碗、洗菜等功能和水槽结合在一起，不用改水电和橱柜，放在原来的水槽位置上就可以，非常节省空间。但是容量较小，一般只能容纳 6 套餐具，适合小户型、面积紧凑的厨房。

Q808 集成灶是选一体式还是分体式的?

一体式是把几个功能模块固定在一起，结构也比较复杂，如果坏了，维修和更换都比较麻烦。分体式则没有这方面的困扰。

Q809 怎么判断买的灶台火力够不够?

看灶台的热负荷。热负荷越高，在单位时间内就会产生越多的热量来加热锅具。一般热负荷在 4.0~4.2 千瓦的灶台，就足以满足中式爆炒的烹饪需求了。而 5.0 千瓦、5.2 千瓦就是家用灶“天花板”，接近商用标准。

Q810 灶台热效率越高就越好吗?

热效率高，锅接收的火力就多，也更省燃气、省钱。

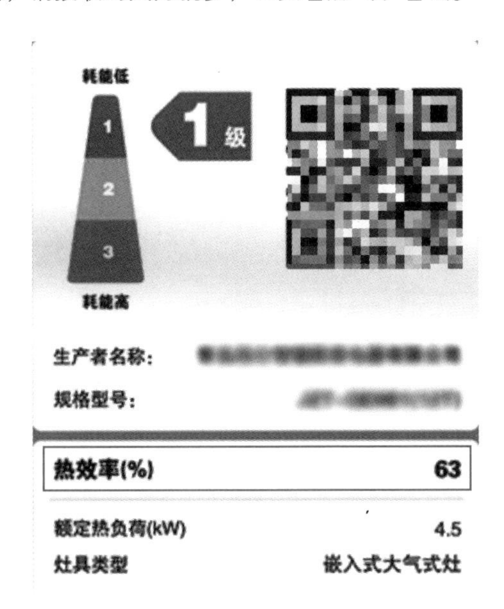

▲热效率一般以百分比的形式出现，数值越高，代表火力越大

Q811 火孔越多，灶台的燃烧效果越好吗?

是的。一般来说，进气道越多、孔越多、灶台燃烧效果越好，锅底受热越均匀。

Q812 厨房选哪种材质的水槽好?

不锈钢耐油污、耐酸碱、易清洁、性价比高，但是不锈钢容易有划痕和水渍；人造石坚固耐用、耐磨耐划、耐高温、易清洁、颜值高，但是价格稍贵。

Q813 厨房水槽是买单槽还是双槽?

主要根据使用的习惯和厨房的大小决定。单槽使用方便，清洗过程简单顺畅，就算是大锅等厨具也能一起放进水槽；双槽可以实现分区，比如油污区和清水区。

Q814 买智能马桶还是买智能马桶盖?

智能马桶样子好看，功能又方便，预算充足建议直接买智能马桶；智能马桶盖便宜好装，基本功能也挺实用，不打算换马桶的话可以选用。

第七章

软装布置与改造

家具的合理布置可以很大程度地节约空间，对于面积较小的户型而言，是非常重要的。另外，通过软装对房屋进行改造，比砸墙之类的改造要便宜得多，能省下不少的预算，而且也能有很好的效果。

客·厅·家·具·布·置

Q815 稍大的客厅中家具怎么布置?

客厅比较大一些的，就可以选择转角沙发。转角沙发比较便于摆放，一般建议选择布艺转角沙发，感觉温馨一些。另外，还可以选择组合沙发，一般是由一个单人座、一个双人座和一个三人座组成的（客厅面积应在 25 平方米以上）。

Q816 中西合璧的家具怎么搭看上去才和谐?

中式和西式家具的搭配比例最好是 3 ∶ 7。中式老家具的造型和色泽十分抢眼，可自然地使室内充满怀古气息，但如果太多，反而会显得杂乱无章。

Q817 想用明式家具，那其他方面该怎么搭配?

明式家具线条简单、清式家具雕工复杂，消费者在选择时应依据自己的喜好，在设计师的帮助下使其与现代装修相互协调。由于中式古典家具的木质纹路、雕刻花纹和颜色具有独特之处，要显示出这方面的优势，就要注意灯光、地面和墙壁对其的烘托作用。灯光柔和可凸显出木材的天然质感；浅色的墙壁才能够烘托出中式古典家具的典雅韵味。

Q818 深色地板怎么搭配家具才能不让家里显得老气呢?

深色地板理论上应该搭配深色的家具，但是对于大多数人来说，单个居室面积并不大，如果再搭配深色家具就感觉更加压抑、狭小。这时家具的选择上应力求简单、现代，以浅色系为主，可使其活泼的风格与具有流畅线条的地板相呼应，形成现代、简约、充满动感的明快风格。

Q819 怎么选沙发和墙漆的颜色才能显得高级?

（1）先选沙发颜色再定墙漆颜色。沙发是客厅里的“霸主”，一进客厅几乎第一眼就会看到。墙面在背后衬托着沙发，像是背景，所以不要单独去看墙面的颜色，而应看沙发与墙面搭配的整体效果。

（2）灰色沙发百搭。灰色沙发是一个基本不会出错的选择。中性的灰色沙发跟任何颜色的墙漆搭配出来效果都很好，不会出错。

（3）显贵的棕色系沙发。与冷淡意味的灰色沙发不同，皮质的棕色沙发会有截然不同的、不张扬的奢华感。与各种墙面也非常搭。

Q820 沙发摆放有什么需要注意的?

在挑选沙发时，可依照墙面宽度来选择合适的尺寸。值得注意的是，沙发的宽度最好超过墙面的 1/3 ~ 1/2，这样空间的整体比例才较为舒服。

Q821 沙发不靠墙怎么摆?

（1）摆在客餐厅之间。对于客厅、餐厅在一个空间的户型，沙发可以不靠墙，摆在客餐厅之间，与电视背景墙平行，可作为隔断使用，简单划分空间。

（2）与沙发背景墙保持 1 米左右的距离。如果客厅面积宽敞，沙发可以与原始的沙发背景墙保持 1 米左右的距离摆放，背景墙即可设计收纳功能，增强空间收纳力。

（3）与电视背景墙垂直。将沙发与电视背景墙垂直摆放，给了客厅不一样的布局，两面墙也可以有更多的功能性。

Q822 小客厅适合怎么摆放沙发?

（1）面积小的客厅空间比较紧张，一字形布置方式是最适合使用的沙发布置形式。具体操作方式为将沙发沿着一面墙成一字形摆开，前面放置茶几。

（2）长方形的小客厅还可以选择按照 L 形来布置沙发，能够充分利用转角空间，主沙发沿墙面布置，单人沙发靠一侧摆放，或者直接选择 L 形款式的沙发。

Q823 客厅比较小，想放转角沙发可以吗?

转角沙发可坐可躺，确实比较舒服，但是转角位置突出，会在一定程度上影响空间动线。并且通常情况下，转角边的沙发基本只能坐一个人，比较浪费，所以不建议面积较小的客厅使用。

Q824 15 平方米以下的客厅适合选择什么款式的沙发?

不建议选择整套式的沙发组合，主沙发可使用双人座、三人座沙发或 L 形的沙发，而后若还有一些空间，再搭配单人座沙发、休闲椅或坐墩即可。

Q825 茶几的摆放要注意什么?

茶几摆放时要注意动线的流畅，一般来说与主墙或电视柜之间最好留出宽 90 厘米的走道；与主沙发之间要保留 30~45 厘米的距离（45 厘米为最舒适）。

Q826 茶几怎么选择和摆放才能让客厅显得宽敞?

为了让客厅显得更宽敞，不建议摆放太多的桌几，能够满足使用需求即可，茶几和角几可选择一种来使用，这样可以留出更多的空白空间，让人感觉空间很宽敞。材料上具有通透感的最佳。在摆放茶几时，无须放在沙发的正中央，可以偏向不需要频繁走动的一侧，这样不仅使活动路线更顺畅，也会让人感觉更有个性。

Q827 怎么确定电视柜的样式?

选择什么样的电视柜可以根据自己的喜好决定，也由客厅和电视机的大小决定。如果客厅和电视机都比较小，可以选择地柜式电视柜或者单组玻璃几式电视柜；如果客厅和电视机都比较大，而且沙发也比较时尚，就可以选择拼装视听柜组合或者板架结构电视柜，背景墙可以刷成和沙发一致的颜色。

Q828 电视柜应该怎么布置?

客厅中的电视柜并不是一个单一的物体，它可以与沙发组合成客厅的核心区域。落地式电视柜在摆放时不宜过高，应以不高于沙发为准。若是电视柜本身偏高，则可以在沙发背后的墙面上悬挂装饰画，装饰画悬挂的位置高于电视柜高度即可。另外，电视柜不宜过宽，通常情况下，沙发一定要比电视柜宽一些，这样才会形成令人舒适的空间比例。

Q829 电视柜前需要留多少的距离比较合适?

具有储物功能的电视柜，由于拿取物品需弯腰或蹲下，因此，电视柜前需要留出适当的距离以方便拿取物品。例如，蹲下取物需预留 50 厘米，弯腰取物需预留 70 厘米等。

Q830 电视挂多高比较合适?

最大电视高度 = 观看距离 ÷1.5；最小电视高度 = 观看距离 ÷3。

餐·厅·家·具·布·置

Q831 怎么根据户型面积选择餐桌的大小?

90 平方米以下的小户型建议选择长度 1.3 米以下的餐桌；

100 平方米左右的户型建议选择长度 1.4 米以下的餐桌；
120 平方米左右的户型建议选择长度 1.6 米以下的餐桌；
140 平方米以上的大户型建议选择长度 1.8 米左右的餐桌。

Q832 买餐桌需要考虑形状吗?

需要。餐桌的形状对于用餐氛围有一定的影响，对于经常聚餐的家庭来说，可以选择长方形的餐桌；注重家庭成员的交流的话，可以选择圆形的餐桌；如果家庭成员较少且年龄较小，可以选择造型特殊的餐桌，增加就餐的乐趣。

Q833 餐桌的大小和餐厅面积有关吗?

当餐桌的大小是餐厅面积的 1/3 时，餐厅的整体设计更具有美感和协调感。同时，这种比例下的餐桌，可以最大化地满足多人同时使用的需求。

Q834 餐厅面积不大，是选圆桌还是方桌?

在同样大小的占地面积中，方形餐桌是有效利用率最高的，所以想节约空间可以选方形餐桌。

Q835 餐桌到底应该怎么摆放比较好?

餐桌与餐厅的空间比例要适中，餐桌大小不要超过整个餐厅的 1/3，且应留出足够的人员走动的动线空间。通常餐椅摆放需要 50 厘米，人站起来和坐下时需要 30 厘米的距离，因此餐桌周围至少要留出 80 厘米的宽度。

Q836 餐桌椅周围留多大空间比较合理?

一体式餐厅 – 厨房的餐桌椅布置时也要保证椅子能顺利拉出，因此至少要预留出 330 厘米的空隙。而椅子与橱柜或其他家具之间至少保持 580 厘米的距离，才可以让一个人通过。

Q837 小户型餐厅适合选择什么款式的餐桌椅?

小户型餐厅通常都是与客厅连在一起的，面积不会很宽敞，在这种情况下，可以多使用折叠类的家具和小型家具，如可展开的折叠餐桌、吧桌、窄条桌、小圆桌等；餐椅可以选择尺寸较小的款式，或者直接与墙面结合设计卡座，不仅可以坐人，还能储物。

Q838 餐厅特别小，餐桌椅怎么放比较好?

当长方形的餐桌靠边放时，牺牲一个短边，仅保留三侧通道，这样可以把人均就餐面积压缩到 1.5 平方米以内。

Q839 如何根据空间面积选择餐边柜款式?

（1）小餐厅：适合选择结构较简单的封闭型餐边柜，过于烦琐的造型或开放式餐边柜会增加视觉负担，不适合小面积餐厅。

（2）大餐厅：可选择高度较高的餐边柜，具有较好的装饰性，且储物量较大，为家居空间增加收纳功能。

卧·室·家·具·布·置

Q840 卧室内的家具对高度有要求吗?

一般来讲，卧室的家具应以低、矮、平、直为主，除了顶柜外，悬挂、存储衣物的柜子高度最好控制在 2 米以下。

Q841 怎样布置卧室内的家具才能既美观又舒适?

摆放卧室内的家具时，具体的布置方式取决于房门与窗的位置，以既体现出温馨的气氛，又能够保证动线的流畅为宜。床是卧室的中心，以人站在门外时不能直接看到床上的物品为佳，同时，如果床能够与窗平行是最合适的。衣柜和梳妆台可以放在床的一侧也可以放在床头的对面，具体情况根据卧室面积而定。

Q842 主卧中床怎么放比较好?

一定要留足行走空间。例如，床头两侧至少有一边离侧墙有 60 厘米的宽度，以便于从侧边上下床；床头旁边可留出 50 厘米的宽度，用于摆放床头边桌，方便收纳；若床尾一侧的墙面设有衣柜，床尾和衣柜之间要留有 90 厘米以上的过道。

Q843 两张并排摆放的床之间的距离应该有多远?

90 厘米。两张床之间除了能放下两个床头柜以外，还应该能让两个人自由走动。当然床的外侧也不例外，这样才能方便地清洁地板和整理床上用品。

Q844 床的摆放位置有什么禁忌吗?

（1）最好不要正对厕所门。

（2）镜子最好不要对着床。

（3）尽量不要放在房门附近。

Q845 空调对着床的摆放方式会不好吗?

空调的出风口如果对着头部或脚部，会因为空调直吹引起中风、偏瘫、面部神经失调等病症。因此，空调最理想的位置是在床尾侧面。

Q846 儿童房的床可以怎么放?

儿童房中若摆放单人床的话，非常适合一侧靠墙，可以节省出不少空间。另外，随着二胎家庭越来越多，很多儿童房中出现了类似于酒店标准间式的睡床摆放方式，在摆放时，预留出足够的空间依然是重点。两张睡床之间至少要留出 50 厘米的距离，方便两人行走。

怎么确定床头柜买什么尺寸的?

床头柜大小约占床的 1/7，柜面面积以摆放台灯之后，仍旧剩余 50% 的空间为佳。床头柜的高度应与床（加床垫）的高度相同，若喜欢较高的床头柜，则切记不要高于床垫 15 厘米以上，以便随时可以拿取物品。常见的床头柜尺寸有：58×41.5×49（厘米）、60×40×60（厘米）及 60×40×40（厘米），可以搭配 1.5×2（米）和 1.8×2（米）的床。

Q848 床头柜买多高的?

（1）根据床的尺寸决定，一般床的离地高度在 50~60 厘米，主要是床垫（20 厘米左右）+ 床架（30 厘米左右）的高度。床头柜选择和床差不多高的，躺在床上伸手拿手机，或者早上关掉闹钟都比较方便。

（2）看床头板的高度，一般床头高度为 1~1.2 米，床头柜高度不要超过床头板，以免视觉比例不协调，使人感觉压抑。

Q849 卧室比较小放不下大床头柜怎么办?

如果有在床头收纳物品的习惯，但是苦于卧室较小放不下传统的床头柜，那么可以选择一些比较节约空间但又能收纳的家具。

悬空柜	底部悬空，节约空间又能收纳少量物品
隔板	在床头左右墙上各装一块，清爽不占空间
壁龛	在墙上做一个壁龛，不占用空间还实用

Q850 衣柜和床之间应该预留多少空间?

▲若选择有抽屉的衣柜，最好预留出 90 厘米的空间

▲人在站立时拿取衣物大致需要 60 厘米的空间

Q851 衣柜可以摆在哪里?

（1）床边摆放衣柜：房间长大于宽时，在床边位置摆设衣柜最为常见，衣柜与床边之间需留有空余，以方便日常走动。

（2）床头摆设衣柜：将床与衣柜做成一体的形式，去除两侧床头柜，形成整体效果。在前期对衣柜进行设计时，预留床的宽度时需考虑床靠背的宽度，适合面积不大的卧室。

（3）床尾摆设衣柜：适用于卧室左右两边宽度不够的空间，或主卫与卧室平行，但为半通透设计的卧室。将衣柜设置在床尾处，最好采用移动拉门。

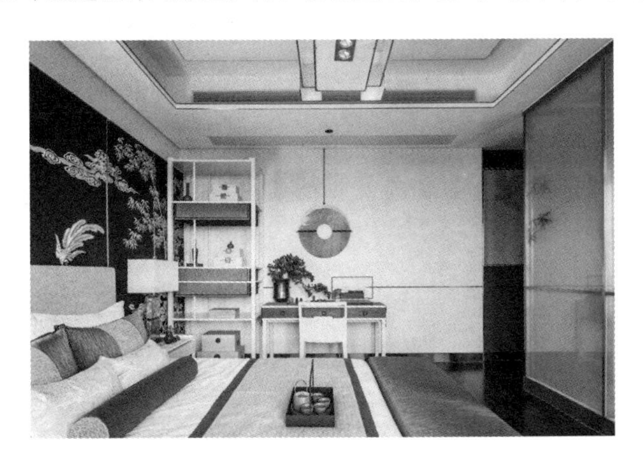

Q852 父母房间的衣柜该怎么选择?

老年人的衣物挂件较少，叠放衣物较多，可以考虑多做些层板和抽屉，但不宜放置在最底层，应该在离地面 1 米左右的高度，这样方便拿取。

Q853 整体衣帽柜感觉比较压抑，有什么好的改善方式吗?

在玄关使用落地式的整体衣帽柜，与同等宽度和厚度的鞋柜相比，收纳量更多。但如果是从底部一直到顶的款式，很容易让人感觉压抑。可以在中间的位置部分设计一些开敞式的造型，使上、下部分有一个分隔，在让其显得更轻盈的同时，能在分隔处摆放一些工艺品、花艺等，还可以搭配暗藏灯来进一步美化玄关。

其·他·空·间·家·具·布·置

Q854 厨房橱柜最佳布局是什么?

2 组吊柜 +2 组抽屉 +2 组地柜就能满足日常所需。

（1）2 组吊柜。其中一组放碗碟、水杯、酒水饮料、零食等，另一组用来放食材。

（2）2 组抽屉。一组使用大号抽屉用来收纳餐具、锅具，另一组用上下两层的样式来收纳调料。

（3）2 组地柜。一组是水槽柜，可以放净水器、洗菜盆、清洁用品等，另一组用来放锅具、小电器、米面油。

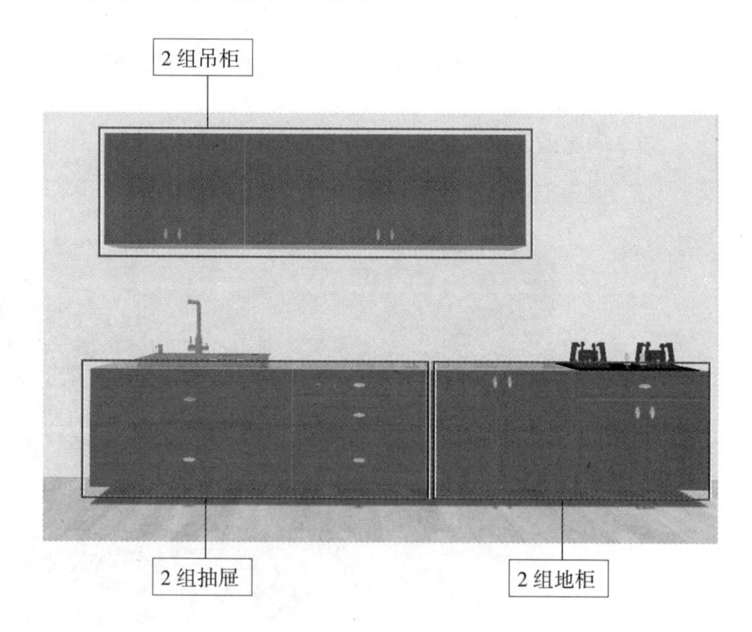

Q855 炉灶、水槽要怎么布置比较合理?

(1)炉灶、冰箱和水槽组成的三角形，最合宜的距离是三边之和在 360~600 厘米。

(2)水槽与炉灶之间往复最频繁，因此距离调整到 122~183cm 较为合理。

Q856 玄关比较小且窄，适合怎样布置家具?

建议尽量选择窄而低矮的家具，例如低矮的鞋柜，可以从视觉上调整整体比例，尽量减少家具的数量，让空间显得宽敞一些。

Q857 鞋柜摆放在什么位置比较舒适?

鞋柜的最佳摆放位置是入户门的左右两侧，具体位置应根据门边的宽度及大门开启的方向来选择，通常来说，摆放在门开启的方向使用起来比较方便，如果这个方向没有位置，也可灵活选择。

布·艺·灯·具·布·置

Q858 层高有限的空间该如何搭配布艺饰品?

可以用色彩强烈的竖条纹的椅套、壁挂、地毯来装饰家具、墙面或地面，搭配素色的墙面，能形成鲜明的对比，可使空间显得更为高挑，增加整体空间的舒适程度。

Q859 采光不理想的空间该如何搭配布艺饰品?

较为稀松的、布纹为几何图形的小图案印花布，会给人视野宽敞的感觉。尽量统一墙饰上的图案，能使空间在整体上有种贯通感，从而让空间“亮”起来。

Q860 中式传统图案布艺与织物如何运用?

带有传统色彩及图案的织物是中式风格软装中不可缺少的点睛之笔，颜色多为红色、褐色、绿色、黄色、金色等，图案多以祥云、福、禄、寿或书法文字等具有代表性的中式花纹为主，可作为沙发靠垫套、茶几、桌旗、床上用品等的装饰，颜色上可用 2 ~ 3 种进行搭配，图案选择不宜过于混乱。两种织物搭配时可用一块素色物品搭配带有花纹的物品。

Q861 客厅内的布艺搭配如何避免混乱感?

最稳妥的方式是先制定一个基调，包括色彩、质地和图案的选择，且应与空间主体风格相统一，简单的方式是以家具为基准，如窗帘参照家具、地毯参照窗帘、靠枕参照地毯，这种参照不仅包括色彩和图案，在面料的质地上也应尽可能地统一，以避免材质的杂乱感。

Q862 如何根据沙发颜色选抱枕颜色?

（1）深色系沙发：深色系沙发会带来压抑感，应适当选择浅色抱枕，与之形成对比。但要点亮整个沙发区，仅依靠浅色抱枕远远不够，还需点缀一个色彩相对亮丽的抱枕，使之从沙发区跳脱出来，成为视觉焦点。若不喜欢太过鲜明的深浅对比，也可以增加中性色抱枕，在抱枕组合中作为过渡。另外，一些色彩有深有浅的几何纹抱枕或印花抱枕，也是装点深色沙发的不错选择。

（2）浅色系沙发：搭配原则和深色系沙发相似，可通过深浅对比来达到视觉平衡。由于浅色沙发给人的感觉较雅致，因此抱枕可以考虑用深色抱枕 + 中性色抱枕 + 个别装饰性抱枕来进行组合。

Q863 沙发色彩较单调，可以摆放很多靠枕来调节吗?

靠枕的数量不建议过多，家居中的一切软装布置均应以满足生活的舒适度为先决条件，而后才是装饰性，如果在沙发上摆放过多的靠枕，影响了人们正常的坐卧，就失去了摆放靠枕的意义。

Q864 餐厅布艺花色的选择需要注意什么?

虽然餐厅需要一些能够促进食欲的软装，但是考虑到窗帘、桌布等布艺类软装占据的面积较大，因此不建议因为一时的喜欢而选择太花哨的款式。虽然第一眼感觉很好，但长久下来，很容易让人感觉厌烦，不如一开始就选择经得起时间考验的简约款式。

Q865 为餐桌选择桌布时，应该怎么确定款式?

花色宜从餐厅甚至是家居整体风格方面来考虑，通常来说，简约风格的餐厅适合选择无色系或纯色的款式，如果餐厅墙面和家具的设计都比较简单，桌布的色彩可以跳跃一些；田园风格的餐厅适合选择格纹、条纹或碎花的款式，以增添清新感；北欧风格的餐厅中，无色系桌布是最具代表性的选择，若觉得过于冷清，可以使用较为低调的彩色，可以是纯色，也可以带有一些北欧风格的典型图案，需要注意的是，北欧风格不适合搭配太刺激的色彩。

Q866 桌布的铺设方法有什么讲究吗?

（1）如果餐桌是圆形的，可以在底部选择边角带有花纹的款式，而后在上面再叠铺一层小块的桌布，效果会更出众，圆形餐桌的桌布尺寸用圆桌直径加30厘米的下垂长度最美观。

（2）方形的餐桌，可以先铺一块正方形桌布，上面叠加一块小正方形的桌布，两块桌布的角可以错开，尺寸为桌子的尺寸再加上15～35厘米为宜。

Q867 床品的花色选择有什么建议?

根据家居主体风格来选择合适的床品，更容易获得协调的效果，例如纯色适合北欧或简约卧室，碎花、格子适合田园卧室等。在保持整体风格不变的基础上，还可以根据不同的季节，更换床品的色彩，来调节心情。

Q868 怎么选窗帘颜色?

（1）跟着空间的大面积主色走，如主家具的色系。

（2）跟着局部点缀的小家具或小配饰的色系走。

（3）窗帘单独选一个颜色，给空间一个点缀。

（4）选择和墙面、地板颜色相近且略深的颜色。

Q869 如何根据空间色调选择窗帘?

如果室内色调柔和，并为了使窗帘更具装饰性，屋主可采用强烈对比的手法，改变空间的视觉效果。如果空间内已有色彩鲜艳的装饰画，或其他色彩亮丽的家具、装饰品等，则窗帘最好素雅一些。在众多的色彩之中，选择灰色窗帘最不易出错，它比白色窗帘耐脏，比褐色窗帘明亮，比米黄色窗帘显得高档。

Q870 根据墙面选择窗帘色彩?

白色墙面适合各种颜色的窗帘，而彩色墙面通常适合同色系或无色系的窗帘。需要注意的是，由于窗帘与墙体均属于大面积色块，在根据墙面色彩选择窗帘时，要注意色彩的协调性及色差。

Q871 如何确定窗帘的花色?

房间较大：选择较大花型，给人强烈的视觉冲击力，但会使空间感觉有所缩小。

房间较小：应选择较小花型，令人感到温馨、恬静，且会使空间感觉有所扩大。

Q872 高而窄的窗户搭配什么样的窗帘好看?

对于高而窄的窗户，适合长度刚过窗台的短帘，窗幔尽可能避免繁复的水波设计，以免制造臃肿与局促之感。尽量选择横向纹样，以拉宽视觉效果。

Q873 飘窗适合装什么样的窗帘?

功能性飘窗以上下开启的窗帘款式为佳，如罗马帘、气球帘等。此类窗帘开启灵活、安装面积小，能节约出更多的使用空间。

Q874 落地窗适合什么样的窗帘?

对于落地窗，选择窗帘时应以平开帘或水波帘为主。若为多边形落地窗，窗幔以连续性打褶为首选，如此一来，能很好地将几个面连在一起，避免水波造型分布不均的弊端。

Q875 宽而短的窗户应该用什么样的窗帘搭配?

对于宽而短的窗户，适宜选长帘、高帘，让窗幔紧贴窗框，遮掩窗框宽度。如果这种窗户在餐厅或厨房，可考虑在窗帘里加做一层半腰悬挂窗帘，以增加生活的趣味性。

Q876 客厅用什么样的窗帘好?

（1）选择合适的质地来装饰。一般而言，由薄型织物，如薄棉布、尼龙绸、薄罗纱、网眼布等制作的窗帘，非常适合客厅。不仅能透过一定量的自然光线，同时又可以令白天的室内有一种隐秘感和安全感。

（2）根据自然大环境来选择。窗帘的花色要与自然大环境相协调。比如说夏季宜选用冷色调的窗帘，冬季宜选用暖色调的窗帘，春秋两季则可以用中性色调的窗帘。

（3）要与居室整体相协调。从客厅的整体协调角度来说，应该考虑窗帘与墙体、家具、地板等的色泽是否相搭配。

Q877 客厅用的原木家具，搭配什么颜色的窗帘好看?

原木家具的色彩现在主要有两种，一种是将木材的颜色做旧，将古典的欧式风格融入其中，另外一种是木材的本色，十分淡雅清新。这两种颜色的原木家具都可以用简单的布艺进行搭配。最好配一些清淡而不失朝气的颜色，如典雅的灰色系、温柔恬静的浅色系都是比较好的，可以让整个居室的立体感更突出。

Q878 餐厅适合使用什么材质的窗帘?

餐厅是用餐空间，临近厨房，难免会受到一些油烟的污染，而餐厅对卫生的要求又比较高，所以建议选择易清洗的材料，如棉、麻、人造纤维等。

Q879 很喜欢窗幔，怎么挑选才能看起来舒适还不显得啰唆?

因为窗幔是从顶到底的装饰，占据面积较大，当卧室的面积不大时，建议选择轻柔的材质，且应与卧室内的其他装饰色调保持一致，造型上可以根据家居风格选择典型元素。

Q880 所有空间都一定要铺满地毯吗?

尽管在家居空间铺设地毯会增添空间高贵、典雅的气质，令家居更温馨、舒适，但家居空间中良好氛围与品质感的打造，并不会因为铺满了地毯就一定能实现。

Q881 地暖上可以铺地毯吗?

可以。但要注意不应进行大面积铺设，也不要铺设太厚的地毯，以免影响地暖散热，对地板产生不利影响。

Q882 如何根据居室色彩选择地毯色彩?

如果家居空间以白色为主，地毯的颜色可以丰富一些，令空间中的其他家具单品成为映衬地毯艳丽图案的背景色。当然，如果居住者喜欢素雅的空间环境，灰色或米色的纯色地毯同样适用。如果家居色彩丰富，最好选用能呼应空间色彩的纯色地毯，才不会显得凌乱。

Q883 挑选客厅地毯时应遵循哪些原则?

（1）客厅在 20 平方米以上的，地毯不宜小于 1.7 米 ×2.4 米。

（2）客厅不宜大面积铺装地毯，可选择块状地毯，拼块铺设。

（3）地毯的色彩与环境之间不宜反差太大，地毯的花形要按家具的款式来配套。

（4）除了美观之外，地毯是否耐用也很关键。

Q884 简洁吊顶搭配什么样的灯比较好看?

如果室内吊顶的设计比较简洁，就不宜选用造型复杂的大型吊灯，可以选择一盏或一组造型设计颇具艺术感的吊灯，其拥有的优美形体，可烘托出吊灯对于空间的装饰作用，形成主次分明的光影效果。另外，厚度小的吸顶灯可以达到良好的整体照明效果。如果客厅的采光不佳，则可以运用发白光的吸顶灯，补充客厅内缺少的自然光。

Q885 装嵌入式的灯具要注意什么?

如果嵌入式灯具高度高于 10 厘米，不建议做家装，因为它要求吊更厚的顶。常规的 2.8 米层高可以吊顶，但吊顶不宜过厚，所以灯具高度在 7 厘米以内最好，否则会压低房子层高。

Q886 客厅用吊灯好，还是吸顶灯好?

（1）吸顶灯的底盘直接贴在吊顶上，省去了吊的环节，节省了吊顶跟灯具之间的距离，像客厅层高比较矮的，可以选用吸顶灯。另外，现代简约、宜家风格的适合选用吸顶灯。

（2）吊灯适合层高较高的客厅，装修风格比较繁复的欧式风格比较适合选用吊灯。

Q887 客厅装什么样的水晶灯好看?

（1）水晶灯的选择要与家居风格协调一致。如果明明是中式风格，却吊一个欧式的水晶灯，那就不合适了。

（2）根据空间的大小和灯的外形进行选择。20~30 平方米的客厅一般选择直径在 1 米左右的水晶灯，要是小一些的客厅，则可以选择一些小巧的吊式水晶灯。

Q888 餐厅吊灯高度要考虑什么?

要考虑与桌面的距离，要注意吊灯距离地面的高度最好为 1.6 米，且与餐桌桌面保持 65 厘米的距离最为合适。另外，安装时吊灯一定要对准餐桌的中心位置。

Q889 餐厅吊灯底部到餐桌之间的距离有要求吗?

餐厅吊灯的光线需要集中地照射在餐桌上，所以高度可以低一些，通常来说，单头及多头式的小吊灯，底部距离餐桌宜为 50 ~ 60 厘米，但并不是所有的吊灯都适合这个数据，还需要根据吊灯的款式来决定，例如尺寸大一些的华丽一些的吊灯，应适当地抬高一些，避免妨碍用餐。如果不能确定什么尺寸合适，可以选购带高度调节器的款式。

Q890 餐厅适合用射灯么?

家装的射灯多是“射”向主人家的展示品，但到了餐厅，就变成了射人。一入席，头顶上顶着一盏明晃晃的射灯，犹如成了一件展示品，座上人也容易产生眩晕的感觉。有的餐厅则选择把射灯射向桌面，认为在灯光下，菜肴更显精致，要是一两盏射灯尚可接受，切忌大规模对焦，把餐桌面弄得耀目刺眼，适得其反。

Q891 什么灯具适合用在厨房?

由于中国人的饮食习惯，厨房里经常需要煎炸烹煮，油烟自然是少不了的，所以在选择灯具的时候，宜选用有不会氧化生锈或具有较好表面保护层的材料，同时要防水、防尘、防油烟的灯具产品。灯罩宜用外表光洁的玻璃、塑料或金属材料，以便随时擦洗，而不宜用织物灯罩或造型繁杂、有吊坠物的灯罩。

装·饰·摆·件·布·置

Q892 怎样根据家居空间来确定装饰画的尺寸?

适宜高度	适宜间距
装饰画的中心点略高于人平视的视平线，即需要稍微抬一点下巴看到	画框与画框之间的距离以 5 厘米为佳，太近显得拥挤，分隔太远会形成两个视觉焦点，使整体性大大降低

Q893 如何根据墙面来挑选装饰画?

现在市场上所说的长度和宽度多是画本身的长宽，并不包括画框在内，因此，在买装饰画前一定要测量好挂画墙面的长度和宽度。特别要注意装饰画的整体形状和墙面搭配。一般来说，狭长的墙面适合挂放狭长、多幅组合或者小幅的画；方形的墙面适合挂放横幅、方形或是小幅画。

① 间隔 5~8 厘米　② 长度为沙发的 2/3　③ 悬挂高度 1.5 米

Q894 偏中式的家居装修中该选择什么样的装饰画?

偏中式风格的房间宜搭配中国风的画作。除了正式的中国画，传统的写意山水、花鸟鱼虫等主题的水彩、水粉画也很合适。也可以选择用特殊材料制作的画，如花泥画、剪纸画、木刻画和绳结画等，这些装饰画多数带有强烈的传统民俗色彩，和中式风格十分契合。

Q895 偏欧式的家居装修中该选择什么样的装饰画?

偏欧式风格的房间适合搭配油画作品，纯欧式风格适合西方古典油画，别墅等高档住宅可以考虑选择一些肖像油画，简欧风格的房间可以选择一些印象派油画，田园风格则可搭配花卉题材的油画。

Q896 偏现代的家居装修中该选择什么样的装饰画?

偏现代风格的房间适合搭配一些印象派、抽象派的油画，后现代等前卫时尚的装修风格则特别适合搭配一些现代抽象题材的装饰画，也可选用个性十足的装饰画，如抽象化的个人形象海报。

Q897 如何根据居室采光选择装饰画?

（1）在光线不理想的房间：尽量不要选用黑白色系的装饰画或国画，会令空间显得更阴暗。

（2）在光线强烈的房间：不要选用暖色调、色彩明亮的装饰画，会令空间失去视觉焦点。

Q898 儿童房要怎样摆放装饰画?

儿童房的家具大多小巧可爱，如果画太大，就会破坏童真的趣味。让孩子自己选择几幅可爱的小画，再由他们随意地摆放，这样会比井井有条来得更有趣。

Q899 工艺品适合摆在家居中的什么位置?

一些较大型的工艺品，应放在较为突出的视觉中心的位置，以起到鲜明的装饰效果，使居室装饰锦上添花。在一些不引人注意的地方，也可放些工艺品，从而让居室看起来更有氛围。

Q900 工艺品在家中摆放多少才适合?

从人和空间的关系来讲，人少空间大，对人体健康有利。现在家庭中的成员大都是2～3人，房子空间是固定的，家饰的布置要随着功能家具的布置而动。对卧室而言，一张舒适的睡床再加上一个或两个卧室柜即可。而对于家饰而言，只要在柜子上摆放一两个精致的装饰品即可，就连墙上挂的画也最多不要超过两幅，而且最好是精品。

Q901 餐厅内适合摆放什么种类的鲜花和绿植?

带有浓香的品种容易干扰嗅觉，会影响用餐；花粉较多的品种容易让人过敏，也不建议选择。可以适当地使用康乃馨、玫瑰、天竺葵、迷迭香、薄荷、白纹草、西瓜皮椒草、富贵菊等。

Q902 装饰镜悬挂的禁忌是什么?

避免挂在阳光直射的墙面，由于阳光照在镜面上会对室内造成严重的光污染，不仅起不到装饰效果，还会对家人的身体健康产生影响。

Q903 镜子在小户型家居中该如何运用？

镜子因对参照物具有反射作用而在狭小的空间中被广泛使用，但镜子的合理利用又是一个不小的难题，使用过多会让人产生晕眩感。要选择合适的位置进行点缀运用，比如，在视觉的死角或光线暗角，以块状或条状布置为宜。忌相同面积的镜子两两相对，那样会使人产生不舒服的感觉。

Q904 镜子如何在玄关中使用？

玄关处的镜子可以与玄关几搭配使用，采用同一种风格或者同一系列效果更好。玄关几上可以用来放置零碎的、出门使用的东西，如果搭配一些插花、蜡烛或者工艺品，则更具品位。

Q905 客厅镜子的摆放应注意哪些事项？

（1）镜子并不是越多越好。镜子对空间的拓展有一定的效果，能增加住宅的空间感，但并不是数量越多越好。如果家中镜子过多，由于其反射光线，会折射一些有害光，扰乱人体磁场正常的工作。

（2）镜子的大小宜与家居空间成比例。镜子若是长形的，应以见到整个身体的尺寸为佳。

（3）镜子最好不要嵌在客厅的吊顶上。这会使坐在客厅中的人有压抑感。

（4）客厅不宜大面积运用镜面做装饰。如果有一面大镜子，人无论在哪一个位置，影子都会在镜中出现。久而久之，会对人的情绪产生不良的影响，尤其是在工作疲劳时，更易产生错觉，引起恐慌。

Q906 镜子如何在餐厅中使用？

餐厅中的镜子可以采用大块面的，如果有餐边柜，可以悬挂在餐边柜上方，利用光反射照亮餐桌，以加强灯光效果，促进食欲，美化环境。

Q907 镜子如何在卧室中使用？

卧室中安装镜子更多的是为了满足使用需求，挂在墙上或者衣柜门上，或做成落地式放在地面上，能够照到全身，便于整理衣服。

Q908 镜子能不能对着床放?

镜子最好不要对着床摆放。因为镜子有反射光，这是一种不健康的光线，会使人产生造成神经衰弱、睡眠质量差等不良反应。镜子在夜晚的反射，会刺激人的神志，使人产生幻觉、恐慌。如果镜子对着床，不妨在镜子上安装一个布帘，睡觉时放下来。

Q909 镜子如何在卫生间中使用?

将镜子悬挂在洗漱台的上方。如果空间足够宽敞，可以在洗漱镜的对面安装一面伸缩式的壁挂镜子。这样能够让人看清脑后方，方便进行染发等动作。

Q910 镜子如何在过道中使用?

家中如有较长的过道，可在过道两侧交错挂平面镜，使过道看起来比较宽敞；如果过道较黑暗、弯曲，可在弯曲处悬挂凸镜来丰富视野。还可以利用镜子来改变过道的比例，在一侧安装镜子既能够显得美观又能够让人感觉宽敞、明亮。过道中的镜子宜选择大块面的造型，既可以是立式的，也可以是横式的，小镜子起不到扩大空间的效果。

Q911 镜子如何在壁炉上方使用?

壁炉是欧式风格中最具代表性的设施。如果在壁炉上方搭配一面镜子，能够增强空间的华丽感。夜晚通过镜面的反射，能够使人感觉更加温馨。镜子边框的造型宜与壁炉的造型风格相搭配，使家居风格更具整体感。

软·装·改·造

Q912 只想通过小改造改变家里的氛围，怎么实现?

可以试试对加分区进行局部小改造。当我们进入室内时，第一眼看见的地方会影响我们对整个居室的印象。想象一下，如果一打开门，首先映入眼帘的是做工考究的玄关家具和品位不俗的装饰品，心中一定会有赞扬、惊喜的感觉，带着这样的印象往居室里面走，会觉得空间整体都精致、考究起来。所以对站在门口第一眼就能看见的地方加以改造，可以产生很好的效果，这是决定室内第一印象的加分区。

Q913 小户型怎么增加收纳空间?

用具有收纳功能的柜体或隔板来装饰电视墙。在一些小户型中，收纳空间可能会不太充足，可以将电视墙利用起来，根据墙面的大小，来选择一些隔板、格子式的储物架，或者选择整体收纳柜，增加收纳量的同时也装饰了客厅。

Q914 超小户型怎么解决私密性差的尴尬?

方案1

采用柔软的帘幕划分区域

总体而言，既不占地面面积，又能够分隔空间的软装，非帘幕莫属，只需要在顶面设计一个悬挂位置，就可以完成隔断工作，同时还可增加卧室的温馨感

方案2

用家具做软性分区

沙发和床之间如果有位置，可以使用一个带有推拉门的家具或格子储物柜来做分隔，高度能够将床遮挡住即可

Q915 有不砌墙也能实现分区效果的方法吗?

（1）用隔断柜。隔断柜不仅具有分隔作用，还具备一定的储物和展示功能；若设计成半隔断柜的形式，还可以保证室内的采光和通透感，在视觉上不会显得拥挤，非常适合小空间。

（2）设立小吧台。吧台具有占地小，形态灵活等优势。在一些开放式的空间中，吧台还具备分隔空间的作用，既可以缓和视线焦点，又能促进空间的融合。

（3）巧用家具。既想拥有比较通透的空间环境，又想在一个空间中满足两种功能需求，可以巧用家具进行室内分区。

Q916 有年代感的电视墙怎么改造?

方案1

白墙＋小体量墙面家具

要注意规避复杂的造型墙面，白色墙面最不容易出错，且造价较低。若觉得过于单调，可以在电视墙上设置搁板、小型吊柜等，再搭配些精致的小装饰，操作简单，也方便日后电视墙的更新换代

方案2

电视墙整体粘贴壁纸

壁纸的款式众多，施工简单、工期短，若使用环保胶，晾干即可入住，用来代替原来的墙面材料十分便捷，且装饰效果出众。除了常规花纹的壁纸外，电视墙还可以选择画面感较强的壁纸或砖纹壁纸等

Q917 沙发墙太死板、单调怎么办?

方案1

装饰画与墙面挂饰组合

装饰画与墙面挂饰组合的方式，比起全部使用装饰画作为墙面装饰更为独特，特别适合颜色较单一的墙面。选择时要注意，装饰画的内容和挂饰风格最好统一，如此效果最佳

方案2

装饰画 + 饰品 / 植物组合摆放

沙发后方若有一个平台可以摆放装饰画，不妨加入一些小装饰品或小型绿植与其组合，从而塑造出妙趣横生的效果。具体操作时，与装饰画组合的饰品或植物可以在色彩或造型上做一些呼应，塑造统一感

Q918 沙发区有畸零角落怎么利用?

方案1

增设功能性家具

若畸零角落的空间足够，可以在此摆放一个工作台，或者收纳柜，这样的设计手法不仅避免了浪费空间的问题，而且为家居生活增添了别样的乐趣

方案2

为客厅增设书房功能

若畸零角落的空间不大，则可以侧摆一个小书柜或书架。但需要注意的是，书房和客厅组合，书房多半仅发挥一个辅助性的功能

Q919 沙发很旧但是不想换掉可以怎么改造?

方案1

用全包套罩包裹沙发

沙发全包套罩以布艺材质为主，能够紧密地贴在沙发表面，将沙发全部包裹起来，浑然一体，可谓是令沙发旧貌换新颜的“神器”。沙发全包罩套可以专门定做，但价格较高；也可以在网上根据家中沙发的尺寸，购买适用于大多数沙发造型的成品罩。唯一的缺憾是，这种“神器”只适合布艺及皮质沙发，不适合全实木沙发

方案2

铺设小成本的沙发垫巾

沙发垫巾的主要覆盖部分是沙发垫及靠背表面，如果沙发主体部分损伤很小，只有细微划痕或开裂，用沙发垫巾进行覆盖，就可以对其进行美化。垫巾的款式比较多，屋主可以根据家居风格自由选择。也可在沙发购买之初，就利用沙发垫巾对沙发进行保护

Q920 如何让餐厅变得更有“食欲”?

方案1

单头吊灯为餐厅增添简洁感

单头吊灯款式简洁，用在原来使用吸顶灯或筒灯等分散式主灯的餐厅中，能够将光线集中在餐桌区域，让餐厅软装的重心更突出，效果更简洁、大气，安装也很简单

方案2

多头吊灯使视线进一步聚焦到餐桌区域

如果喜欢顶面的层次丰富一些或者在家具的款式稍显复杂的情况下，可以使用多头吊灯取代原有灯具，因为样式更复杂一些，所以更加能够聚焦目光。另外，多头吊灯每个灯的尺寸都比较小，组合起来比单头吊灯更显小巧，层次也更丰富

Q921 餐厅缺少变化怎么办?

方案1

用长凳代替一侧餐椅

若实木餐桌的长度过长，则可以在一侧摆放长凳，另一侧摆放造型独特的餐椅，这样可以很好地弱化餐桌带来的生硬感。这种设计一般比较适合墙面造型简洁的餐厅

方案2

选择款式多样的餐椅

选择求同存异的餐椅，可以改善餐厅的单调感。例如，同材质不同款式的餐椅统一感比较强，但细节上存在变化，适合比较沉稳的餐厅风格；同材质不同色彩的餐椅比前一种方案差异性要强一些，适合活泼、简洁的餐厅风格

Q922 小餐厅怎么变身储物间?

方案1

用储物格、架增加储物空间

小餐厅虽然地面没有多余空间，但若餐桌可以靠墙摆放，则能够充分利用墙面空间。舍弃掉装饰画等纯装饰性软装，安装储物格、储物架来存储物品更能充分利用餐厅墙面和边角空间

方案2

用柱子的凹陷部位做吊柜

框架结构房屋的墙壁边角部分可能会有柱子，当柱子位于餐厅时，可以在凹陷的部分制作下方悬空的吊柜来存储餐具，吊柜深度做到与柱子外沿齐平即可，这种方式不容易产生卫生死角，还能改善空间缺陷，一举两得

Q923 旧餐桌怎么“旧貌换新颜”?

方案1

覆盖万能的桌布

有一些餐桌表面可能存在油污、划痕、裂纹等缺陷，或者玻璃餐桌的款式非常老旧，在擦洗干净后，可以用桌布覆盖表面，将缺陷遮盖起来，还可以根据季节更换桌布的色彩和图案

方案2

实木旧餐桌直接打磨或进行做旧处理

实木餐桌如果保养不及时，表面会有划痕或掉漆，可以自行打磨或进行做旧处理，将“旧”变成个性

方案3

根据喜好选择多样化的家具翻新贴纸

用家具翻新贴纸粘贴在旧餐桌表面，可以使之焕然一新。家具翻新贴纸自带背胶，仿木纹的款式种类较多，除此之外，也有一些纯色款式，选择十分多样。但这种改造方式比较适合木质餐桌，对于其他材质的餐桌效果不佳

Q924 卧室飘窗可以有其他用途吗?

方案1

利用各种布艺将飘窗变成休闲角

在飘窗上不仅可以摆放抱枕，也可以定做坐垫，增加舒适度，色彩最好与窗帘、床品有所呼应，不要把小飘窗孤立起来。另外，飘窗窗帘有不同的悬挂方式，需要根据具体情况具体分析

方案2

定制书桌和书柜

卧室面积小，又要兼具工作或学习功能，这时不妨将飘窗的台面和两侧墙面利用起来，制作成书桌及书柜，让卧室和书房功能合二为一，这种设计方案尤其适合小户型

方案3

定制非常规榻榻米

对于有飘窗的小卧室来说，想要预留出一些空间安排其他家具时，可以沿着窗台高度定制榻榻米，既可充当床铺，又可用于休闲，同时还为家中增加了大容量的储物空间

Q925 儿童房怎么变得活泼一点?

方案1

使用充满童趣的墙纸

墙纸是覆盖原有墙面最快捷的方式，其中，纹样具体的卡通图案款式是儿童房的上佳选择，这样既有色彩变化，又不会使空间的色彩显得过于凌乱

方案2

选用造型奇特、色彩活泼的家具

若喜欢素净的窗帘，墙面也无法使用壁纸、壁贴来装饰，那么选购一款专为儿童设计的彩色家具也可以表现出儿童的天性，例如卡通图案的收纳架、汽车造型的儿童床等

Q926 老旧衣柜如何翻新？

方案1

巧用黑板贴

如果衣柜的体量不是很大，可以先用环保漆进行刷漆处理，再贴上黑板贴。黑板贴上面可以自己动手书写艺术字体、绘画或者记录日常，是非常个性化的材料，用它来翻新衣柜表面，很适合年轻人的居住空间以及儿童房

方案2

利用贴纸或玻璃贴膜改装衣柜门

若衣柜色彩与整体空间的搭配并不违和，只是款式上老旧了些，可以利用贴纸或玻璃贴膜改装衣柜门来进行衣柜的局部改造。若衣柜门为玻璃，可以选择玻璃贴膜；若衣柜门为木质，则可选用贴纸

Q927 卧室只有一盏灯怎么改？

方案1

在床头安装壁灯

壁灯不占据地面面积，只要床头后面有墙壁，就可以安装，款式多且装饰效果好。有的灯臂长度还可调节，不仅可以烘托气氛，还能阅读书籍

方案2

安装个性的单头吊灯

墙面安装壁灯需要提前走线，如果不方便做大的改动，可以用单头吊灯搭配主灯来做补光，烘托气氛。在必要时，可以从顶部走明线，这也是一种个性和风格

Q928 老旧浴室柜可以怎么翻新？

方案1

改变浴室柜外表色彩

若浴室柜框架和门体都比较完好，只是表面有一些损伤或污渍，可通过粘贴贴纸、刷漆等方式进行改造，为原来的浴室柜换一种明亮的色彩

方案2

水泥砌筑浴室柜台面

如果原有浴室柜非常破旧无法使用，只能将其拆除，但可以使用水泥和瓷砖砌筑台面，下方使用隔板储物，而外立面既可以安装柜门也可用布帘装饰

Q929 小玄关怎么变得更美观?

方案1

装饰镜搭配个性小家具

在空间墙面安装装饰镜，既方便每天出门前整理仪容，又能使空间显得更宽敞、明亮。之后再搭配个性化小家具，使整个玄关区兼具实用性与装饰性

方案2

实用柜体搭配灯具、饰品

以鞋柜为主体，在上方使用单头或多头吊灯，然后搭配一些装饰画、花艺以及小饰品等装饰玄关，这些装饰品高低穿插组合后，就将玄关区打造成了一个具有艺术感的展示区

Q930 怎么解决玄关区鞋柜小、鞋子多的问题?

方案1

使用翻板鞋柜提高收纳量

在同等大小的情况下，选择内部带有翻板设计的鞋柜，能够存储更多的鞋子，可以提高一倍的收纳量

方案2

选用带有储藏功能的换鞋凳

换鞋凳除了适用于鞋柜的位置外，还可置于玄关，隔板式和翻板式换鞋凳适合存放外出用鞋，若拖鞋较多，可以使用带有储物箱的款式

第八章

家居收纳

我们经常会听从装修公司或设计师的建议多做柜子，但是很多情况下，如果不清楚做柜子的目的，以及自己收纳物品的习惯、数量、特点，那么柜子做出来也不会得到有效使用，反而浪费钱。另一种情况是没有注意收纳的问题，导致柜子做少了，很多东西收不起来，搞得家里乱糟糟的，后期想再做柜子只能等到下次装修了。

客·餐·厅·收·纳·方·法

Q931 常用物品应该怎么收纳?

日常生活中经常使用的物品，最适合采用“分散收纳”的方式。“分散收纳”时要配合生活动线，将物品放在用得到的场所。“分散收纳”的重点就是不要受限于思维定式，要根据家人的需要合理收纳物品，比如有人喜欢在客厅使用剪刀和笔，但也有人会在厨房使用；有人外出时容易忘东西，所以可以在玄关处设置柜子，收纳钥匙与外出使用的包，这样出门时就不会手忙脚乱了。

Q932 不常用的物品如何集中收纳?

规划一个较大的收纳空间，采取“集中收纳”的方式，摆放电风扇与电暖气等季节性家电，以及一年只用一次的节庆物品，这样会比收在生活空间里还要便利。若是毫无章法地收纳在各处，突然要用时会很容易忘记收在了哪里，翻遍家里也不一定找得到。因此，善于运用储藏室与大型置物柜，就能让“集中收纳”事半功倍。

Q933 买了置物架放东西，但是架子上的东西怎么摆都很乱，怎么办?

一般我们买了置物架或书架，房子是整洁了，但是架子却乱了。这样，依然没有达到很好的收纳效果。所以，需要借助合适的收纳方法和工具来帮助我们维持长期的整洁。一是可以做分类收纳，即把同类型的东西放在一起；二是可以借助收纳篮，这样一些小东西就不会散落在架子上了。

Q934 小户型怎么做收纳柜最省空间?

可以采用到顶的定制柜体设计，这样可以充分利用上方空间作为不常用物品的储存区，减少空间浪费，而且可以令空间更加方正。

Q935 客厅除了柜子还有别的可以收纳的地方吗?

（1）茶几。利用茶几来收纳有多种多样的方式，如两层茶几，下部可收纳客厅杂物，不仅看起来美观，而且十分实用。

（2）边几。高低不等的边几看似没有强大的收纳功能，但是却可以根据不同的使用要求，与其他家具搭配使用，来客人了，也能有放茶杯的地方。同时，边几还是摆放相框和台灯的好地方。

（3）收纳凳。客厅里不妨多准备一些收纳凳，既不会过多地占用空间，而且能收纳客厅中不常用的杂物，换季的衣物、包等也能收纳其中。更为巧妙的是，收纳凳在应急的时候，还能作为茶几使用。

Q936 客厅很小又想有柜子收东西怎么办?

可以用小巧的矮柜，既能存放物品，又可以在柜上摆放装饰品，功能很丰富。矮柜不仅分隔了空间，也起到了美化作用，同时还保证了空间的通透性。

Q937 客厅层高较高，可以在上面做柜子吗?

空间顶部是收纳的好地方，只要选择浅色系的材料制作收纳柜，就不会给空间带来压抑感。特别需要提醒的是，有吊顶的空间不适宜做吊柜的设计，以免空间变得头重脚轻。

Q938 客厅墙面上可以多做收纳搁板吗?

可以。搁板的组合灵活，占墙面积小，同时又能满足墙面的展示需求。需要注意的是，搁板上的物品需要进行细致的分类，横向按物品的种类分，如文具占一边，工具占一边；纵向按照使用频率划分，最常用的放在最下面，不常用的放在上面，分类做好后，需要长期保持。

Q939 电视背景墙想实用一点，能收纳一些东西，应该怎么做?

客厅中的电视背景墙是一个很好的收纳空间。可以根据空间需要选择有隔板或柜子的整体式电视墙，同时根据家里的物品状况选择储物形式细化一些的款式，例如摆件多就选择隔板类，需要隔绝灰尘的可选择柜子多的，需要承重量大的则可选择开敞格子式。

Q940 客厅中各种电器的电线全集中在电视柜后方，显得很乱怎么办?

装修时，在水电改造阶段，就需要提前规划好电视线路的位置，在墙面进行开槽，并将需要用到的线路进行预埋处理。规划线路时要考虑全面，网线、电话线也应提前布置好。除此之外，还要尽可能多地预留一些插座。

Q941 沙发背景墙适合做收纳柜收纳物品吗?

沙发背景墙是一个很大的收纳空间，规划这个空间时可以考虑开放式的家具，兼顾收纳和展示的功能。如果想要简单点，设计一些搁板就好，然后在上面放些相片或小工艺品，同样也能为客厅增色。或者可以将沙发背景墙做“挖洞”处理，塑造出一面更具层次感的墙面；需要注意的是，墙面“挖洞”一定要请专业人士，切不可盲目进行。

Q942 不想在客厅装柜子，但是又想有地方装东西，怎么办?

可以考虑利用沙发进行收纳。沙发是客厅中必不可少的家具。如果客厅空间不大，可以选择沙发腿略高的款式，沙发下部的空余空间可以码放整齐的收纳盒来存放零碎物品，譬如小工具、备用灯泡等，同时最好在箱子上贴上标签，标注存放物件的名称，以便及时查找。此外，还可以在沙发扶手处搁置一个收纳袋，存放遥控器等小物件。

Q943 如何利用餐边柜进行收纳?

餐厅的收纳离不开餐边柜的配合。餐边柜可以收纳餐厅用品和部分厨房用品，减缓厨房的收纳压力。餐厅的收纳柜既可以放置日常使用的碗碟等，还可以摆放一些物品作为装饰用，美观、实用两不误。

Q944 想在餐厅放书架增加点收纳空间会挤吗?

可以试试把书架当成隔断，不仅可以增加收纳空间，还能有隔断的作用。

Q945 如何利用餐厅墙面，制作嵌入式收纳柜?

利用餐厅墙面制作一个嵌入式收纳柜，不仅可以充分利用餐厅中的隐性空间，而且还可以帮助我们完成锅、碗、盆、勺等物品的收纳。如果家中来客较多，还可以作为用餐时餐盘、菜品的临时搁置地，减少来往厨房拿取物品的频率。

Q946 为什么在餐厅中可以多采用收纳篮?

餐厅的一侧可以采用开放式的柜子，再搭配藤制收纳篮，让一些软包装的食物也能整齐存放。有时存放的一些饼干、零食等食品很容易因为收到柜子里看不见而忘记食用。这种开放式的设计能使人经常看到食物，而不会让食物存放过期。

卧·室·收·纳·方·法

Q947 如何利用床头空间进行收纳?

卧室的床头空间是增加收纳的好选择，可以制作悬空柜体，既不会占用地面面积，也可以省出不少空间。另外，也可以设置多层搁板来实现密集收纳。如果搁板的进深小，最好只放置尺寸较小的物品，让利用率最大化；如果进深大则可根据实际需要随意调整，以满足更多收纳的需求。

Q948 床尾凳的收纳效果好吗?

如果卧室面积宽敞，可充分利用床尾空间，例如，摆放一个床尾箱或木质装饰柜，不仅可以摆放一些当季要更换的床品，而且可以暂时存放毛毯、小件服装等物件。

Q949 卧室就一个衣柜感觉不够用怎么办?

若感觉储物空间不够，可以将连接房门的墙面都做上柜子，充分利用房门上方空间，存放棉被等非日常用品，增强空间的收纳性。顶柜一般适合做成平开门，可以方便开启和物品存放。但作为延伸的顶柜，因其下面没有支撑，不宜放置过重的物品。

Q950 衣柜到顶可以增加收纳空间吗?

传统的衣柜不能利用墙立面的空隙及房顶的空隙，其不仅会造成空间的浪费，而且容易积攒灰尘。若是小户型，可以采用到顶的定制衣柜设计，这样可以充分利用上方的空间作为棉被的储存区，以减少空间的浪费，而且可以令空间更加方正。

Q951 卧室做转角衣柜，收纳空间会更多吗?

是的。制作 L 形或 U 形柜体可以令家中真正达到收纳无死角。但需要注意的是，应尽量将门的单元分隔宽度控制在 50cm 之内，这样可以方便开启和物品存放；同时要考虑板材的承重能力，若衣柜单元格过宽，容易因放置太多东西而引起形变。

Q952 嵌入式推拉门衣柜会更节省空间吗?

推拉门衣柜外观时尚、空间利用率高，方便拿取物品，比传统的平开门衣柜更方便快捷。如果房间有凹位，可以采用嵌入的形式，把整个推拉门衣柜都放进墙里，与墙面平行，起到双重节省空间的作用，同时又不失时尚美观。

Q953 儿童房的收纳要怎么做?

儿童房的收纳要尽一切努力提高空间的使用率，给孩子充足的地面玩乐空间。不要让大床占据房间的中心位置；具有多层收纳格的储物柜可贴墙摆放。另外，可以选用开放式的收纳家具，其独特的造型能够吸引孩子的注意力，让他们有兴趣主动进行收纳。

Q954 儿童房的收纳与成人房收纳有区别吗?

儿童房和大人卧室的格局有着较大的差别，同时孩子会比大人们多出许多玩具，这时巧妙地将房间中的小角落利用起来就显得尤为重要了。小巧的收纳柜和搁架是不错的选择。另外，孩子的收纳空间要尽量明晰，常用的物品要放置在低处，方便他们随手拿取。

Q955 梳妆台上的瓶瓶罐罐又多又乱，该怎么收纳?

桌面上放着我们最常用的化妆品，但是桌面又是落灰的“重灾区”。收纳时要方便拿取、美观整洁、保持卫生。因此可以使用透明封闭亚克力收纳盒（带抽屉），多层的设计，可以分门别类地安置各种化妆品。

▲想要把梳妆台摆得更美，可以加上点绿植作为点缀

Q956 一直很烦恼，书到底是放到书房里还是可以放到阅读区旁?

书到底该放哪儿，主要看需求。根据不同的需求，书籍自然而然就被分为了三类，分别对应不同的收纳方式。

（1）囤积下来的书，往看不见的地方塞。比如衣柜的顶层、书柜的最上层等。

（2）收藏起来的书，哪里敞亮就往哪里摆。要突出书籍的观赏性，放置区域本身的“颜值”也很重要。比如客厅的窗户附近就是一个很好的安放点。以窗户为中心布置一圈书柜，白天窗外的光线给烫金的精装书籍加了一层天然的滤镜，十分引人注目。

（3）工具书要放在好找好拿的地方。工具书主要为工作时查阅资料而服务，为了查阅方便，应该以工作区域——即办公桌为中心进行布置。如果书籍不多，在办公桌上放一个小型书夹就可以满足需求了。搭配彩色便条纸进行归类，还能进一步节约找寻时间。书籍如果比较多，就需要更多的空间进行储存。

Q957 家里孩子的绘本和图书要堆成山了，有哪些收纳好方法？

（1）各种大小不一的绘本，可以用绘本架展示。方便孩子独立挑选，拿取，回放。可以根据孩子的身高，将最近常看的书放在眼睛平视、伸手即取的位置。计划最近看的，放在稍微上面一点。

（2）正常的图书摆放在书柜的下层。不要担心书立起来孩子会找不到，相信孩子的眼睛，他们更善于观察和发现细节。再薄的书，他们也能分辨书脊的不同，一眼找到自己喜欢的书。最重要的是，教会孩子，看完后记得放回原处，让书回家。

厨·卫·收·纳·方·法

Q958 为什么感觉厨房台面什么都放不下？

把所有的小物件都摆放在灶台上，看似方便取用，但是弄得灶台台面乱七八糟。可以把那些并非每天使用的东西放入橱柜中，只留下盐、酱油、糖等调料，其他小件物品直接放入抽屉中。

Q959 厨房橱柜是做抽屉收的东西多还是柜子收的东西多？

从收纳和日常使用的便利程度来看：抽屉 > 柜子。地柜的抽屉可稍微多一点，内部设计隔层，以便于更好地进行物品分类。

Q960 怎样解决厨房抽屉利用率低的问题？

用来装各种厨房使用的小工具的抽屉，如果把所有东西一股脑放进一整块空间中，会显得杂乱不美观，而且东西取用也不方便。可以用刀具盒将空间分隔处理，并且把小工具分类放置，既提高了抽屉利用率，所有东西又一目了然，方便取用。

Q961 厨房里什么东西都可以摆上墙吗？

不是所有东西都要上墙的，常见的可以上墙的东西主要有铲子、勺子、筷子笼以及一些小工具，像碗、刀具之类最好不要放上墙。还有不常用的调味料，类似花椒、八角之类，偶尔要用但不是天天用的可以挂上去，但是常用的油、盐、酱、醋、糖建议不要上墙，直接放在台面上就行了。因为这些瓶子都很高，挂上去反而不稳定，再加上挂上去和放在台面上占用的投影面积一样，所以还是放台子上更简单方便。

Q962 厨房的吊柜太高了，拿东西不方便，应该怎么利用呢？

吊柜上层高度大约在 1.9~2.25 米，高度较高，一般的成年女性需要踮脚或伸手，才能触碰到吊柜中间那层搁板。因此，吊柜上层适宜放“量轻”的物品，例如杂粮、零食、干货、茶叶等使用频率较低的物品。需要注意的是，由于杂粮、零食、干货和茶叶等物品过于零碎，若乱摆乱放，那么吊柜深处的物品则难以拿取。这时候可以使用带把手的收纳盒。取放时只需碰到外部的把手，就能把整箱物品拿下来。

Q963 厨房做的墙面收纳，买挂件的时候要注意什么？

（1）挂件不能松动，可滑动的挂钩不建议购买。因为每次挂的时候要双手完成，钩子还会晃来晃去，很难用，倒不如选择固定式的挂钩。

（2）很多挂钩和隔板为了增加容量都做成了双层或是更多层，多层挂钩和隔板使用起来不够简单，失去了随手放的意义。再说多排隔板，瓶瓶罐罐的摆放不光要控制左右位置还要控制前后位置，很不方便。加上多排隔板厚度增加其实也占用了台面，还不如直接将物品放在台面上。正确的方式是用一排挂钩解决问题，如果实在还没地方放，可以在挂钩上面增加一层单排隔板，但是不能再增加东西了。

Q964 感觉水槽下面空间挺大的，该怎么利用起来呢？

水槽下面一般是一个有一定深度和高度的大柜子，但由于有管道、水槽导致空间的不规则。除了放一些较重的洗涤剂、不常用的锅具之外，其实还可以有更多的收纳价值。比如用伸缩杆来制作一个隔层，不仅可以完全利用上下空间，而且也可以直接用来挂一些手套、抹布等物品。

Q965 厨房调味料是放在台面上好还是放在调味篮里好?

很多人喜欢调味篮，觉得既好看又方便。但是实际使用的时候，要么是经常拿错调料，要么就是得先把调料拿到台面上，然后再做饭。因为调味篮一般放在地柜中，不能直接拿取其中的调料，而调料使用的时候是必须一眼看见、随手拿到的。所以一定要把调料作为随手放的分类，直接用盒子放在台面上，简单实用。

Q966 餐具特别多，放柜子里不敢垒太高，感觉很浪费空间怎么办?

可以考虑使用碗架，让碗筷垂直叠放起来，不管存放在抽屉里还是橱柜内，都很整齐，存取起来也方便。

Q967 厨房的锅具怎么收纳比较好?

（1）如果有大抽屉可以完全打开，并且有足够的高度，可以用收纳架把锅具分别竖起来收纳。

（2）如果没有大抽屉，可以利用网格板，自由拼接成不同高度和宽度的架子，每层横着放锅或者锅盖。

Q968 砧板搁在台面上容易发霉，放哪里比较好呢?

（1）砧板比较轻的可以吊起来，悬挂在吊柜下方也很不错。

（2）橱柜的柜门后方也可以利用起来。

（3）用带吸盘的毛巾架把砧板固定在墙上，切菜的时候抬手就能拿到。

Q969 怎么才能既不占台面空间，又能把洗完的餐具收纳好?

可以试试使用折叠沥水帘，需要时铺开，只占用半个水槽的空间，洗净的碗盘、蔬菜水果都可以随手放在上面沥干。不用时卷起来靠边站立，也不会妨碍水槽使用。

Q970 冰箱和橱柜之间有空隙，怎么才能填满它?

（1）方法一：若缝隙为 10~15 厘米，可选择夹缝车，收纳长条形的保鲜袋和较窄的瓶瓶罐罐。

（2）方法二：若缝隙为 18 厘米左右，可选择抽屉式夹缝柜，密封起来更防尘。

（3）方法三：若缝隙在 30~40 厘米，可选择万能的小推车。

（4）方法四：若缝隙在 40~45 厘米，可选择多层收纳筐，放置不用进冰箱的水果蔬菜。

（5）方法五：若缝隙大于 50 厘米，常用于衣柜的可叠放衣物收纳盒也能派上用场。

Q971 冰箱侧面可以做些什么收纳?

冰箱侧壁挂架、磁铁收纳架、磁铁挂钩等。

Q972 卫生间很小，如何做收纳?

可以考虑做壁龛。壁龛的操作比较简单，并不需要打孔，也不需要再额外购买其他收纳物品，只需要在墙上“挖”一个凹槽即可。壁龛可以设计在淋浴间里，放一些洗浴用品，拿取方便，也可以在洗手台旁，放一些化妆品、牙膏、牙刷等常用的东西，还可以在马桶旁边。

Q973 马桶背后的墙怎么才能利用起来?

（1）安装置物架，上方摆放干净毛巾、衣物，下方挂上挂钩，收纳零碎小物。

（2）安装搁板，这样原来堆在水箱上的杂物就可以移到上面去。

Q974 马桶旁边有缝隙，能塞些什么填满它?

（1）卷纸架 + 马桶刷 + 垃圾桶，组合利用空间。

（2）塞入卫生间边柜，既可储物又可充当卷纸架。

（3）空隙比较大的话，可以放双层的洗衣篮。

Q975 洗手盆下面有空位，可以放些什么?

可以放孩子洗漱用的踏脚凳，需要时拉出来，不用时放进去，非常方便；洗衣篮、洗澡的拖鞋、洗衣液等清洁用品。

Q976 毛巾太多应该放在哪儿?

收纳毛巾的时候我们常会遇到干毛巾和湿毛巾混乱放置的问题。如果空间有限，可以选择可旋转折叠的毛巾架，放湿毛巾也不怕弄脏其他毛巾。直立型的毛巾架放大型浴巾会更加合适，不需要在墙上开孔，而且占地面积也比较小。因为处于视线的下方，平常很少会注意到，也不会影响空间的整洁感。

Q977 家里玄关特别小，怎么才能收纳更多的鞋呢?

超小玄关可以使用斜插式的鞋柜，不仅节省空间，而且小巧美观。如果嫌鞋子放不下，可以选柜深在 25 厘米左右的。

Q978 家里过道很长，可以增加收纳功能吗?

可以。只要不影响人的行动或给人以压抑感，过道空间就可以充分利用起来。比如安置吊柜、穿衣镜、梳妆台、挂衣架或放置杂柜、鞋柜等。如果门的一侧是一整面墙，还可以把墙壁往里挖，做成衣橱，再装一块玻璃镜面。

Q979 楼梯台阶变成收纳的柜子实用吗?

如果房子小，但有楼梯，要注意楼梯下部空间的利用，甚至楼梯本身都可以作为收纳之用。例如，根据楼梯台阶的高度错落，制作大小不同的抽屉式柜子，直接嵌在里面，具有分门别类的收纳功用。

Q980 楼梯下方的空间也可以收纳东西吗?

在楼梯下面的空余地方可以做一个嵌入式收纳柜，只要依照楼梯的斜度与宽度做好木柜的设计就行。柜子做成格状，既可以分类收纳物品，又不会觉得死板。如果楼梯的高度足够，也可以直接借势安装柜门，这里就成了一个绝佳的杂物储存间。

Q981 想在楼梯下面做个展示架可以吗?

可以。楼梯下方的空间可以做成一个开放式的展示架，用来存放艺术品、图书等物品。这样的设计可以为平淡无奇的楼梯增添个性，也可以充分展示出居住者的品位、爱好。如果不想大动干戈对楼梯下的畸零空间进行设计，还可以直接依势摆放尺寸合适的收纳柜，不仅操作简单，而且也拥有了不小的收纳空间。收纳柜上还可以摆放工艺品、鲜花、绿植等物品作为装饰，实用又美观。

Q982 飘窗也可以有收纳能力吗?

可以在飘窗底部做收纳柜，以扩大其收纳功能；如果不想设计成掀盖的模式，也可以直接在底部预留空间，直接放置收纳箱，可使收纳空间随之加大，也更方便物品的存取。